重要的安全须知

尽管**出版者**已在合理范围内竭尽所能地确保孩子们可以安全地进行本书所介绍的科学实验，但某些实验仍然需要大人协助。你会在需要大人协助的实验环节看到一个大大的叹号——

小科学家们，千万不要独自尝试那些需要大人协助的实验，一定要请大人帮忙！为了尽可能地**保证安全**、更好地**完成实验**，请严格遵照本书所介绍的实验步骤。

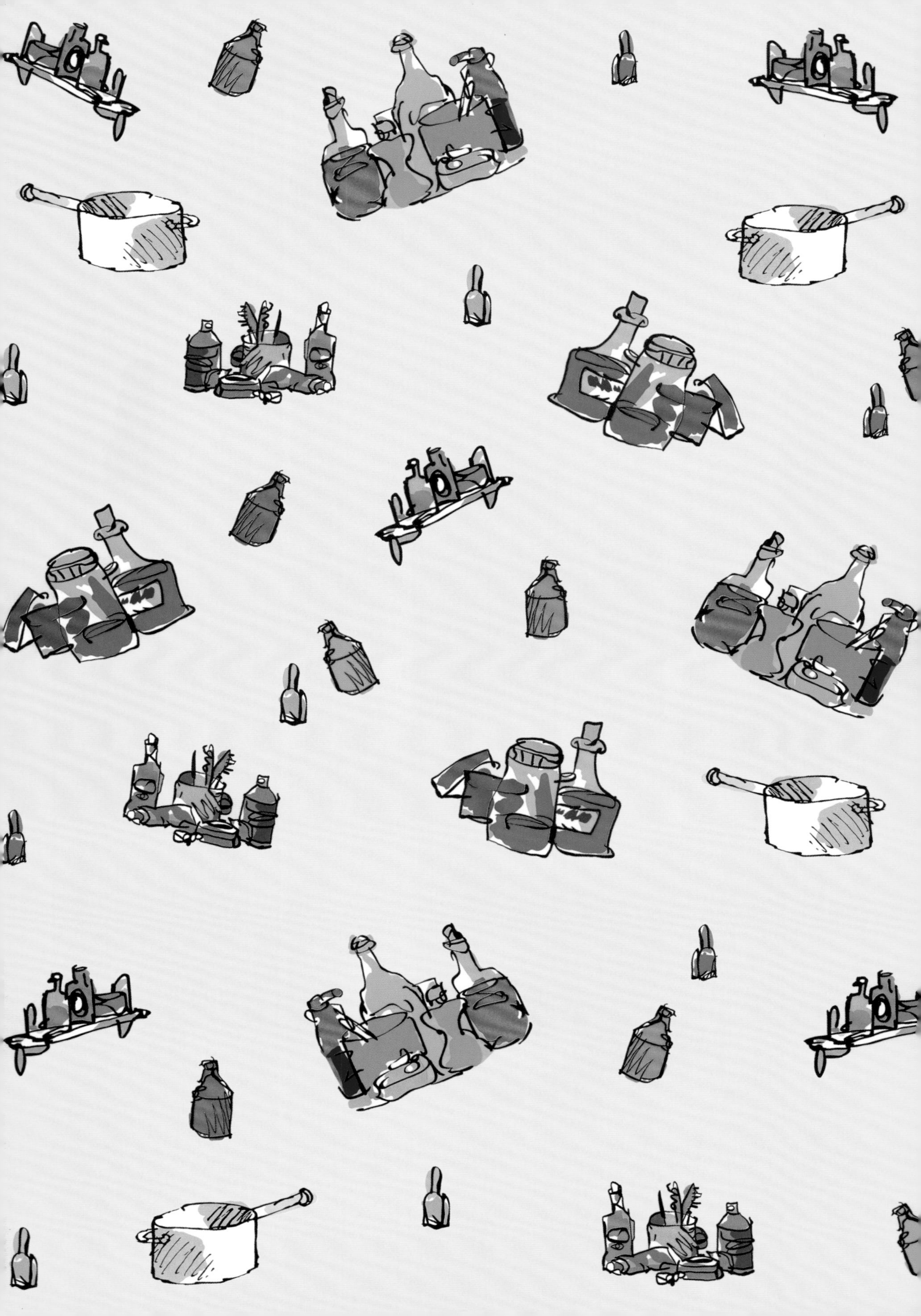

罗尔德·达尔有以下身份：间谍、王牌飞行员、巧克力历史学家，以及魔药发明家。他也是《查理和巧克力工厂》《玛蒂尔达》《好心眼儿巨人》和其他许多精彩故事的作者。到今天为止，他依然是世界上最会讲故事的人！

昆廷·布莱克曾为三百多本图书绘制插图，是罗尔德·达尔最喜欢的插画家。1980 年，他荣获凯特·格林纳威大奖。1999 年，他成为有史以来首位“童书桂冠作家”。2013 年，他因在图书插画方面贡献卓著而被授予爵士勋章。

ROALD DAHL

罗尔德·达尔

故事世界的科学奥秘

中南大学化学化工学院教授、博士生导师徐海　审定

小乔治的神奇实验

［英］巴里·哈奇森　著

［英］昆廷·布莱克　绘

苏静　译

明天出版社·济南

山东省著作权合同登记号：图字 15-2021-72 号
GEORGE'S MARVELLOUS EXPERIMENTS

图书在版编目（CIP）数据

小乔治的神奇实验 /（英）巴里·哈奇森著；（英）昆廷·布莱克绘；苏静译 . — 济南 : 明天出版社，2021.10
（罗尔德·达尔故事世界的科学奥秘）
ISBN 978-7-5708-1203-5

Ⅰ . ①小… Ⅱ . ①巴… ②昆… ③苏… Ⅲ . ①科学实验 — 普及读物 Ⅳ . ① N33-49

中国版本图书馆 CIP 数据核字（2021）第 154275 号

责任编辑：张 扬
美术编辑：丛 琳

XIAOQIAOZHI DE SHENQI SHIYAN
小乔治的神奇实验 罗尔德·达尔故事世界的科学奥秘
［英］巴里·哈奇森 / 著 ［英］昆廷·布莱克 / 绘 苏静 / 译

出版人 / 傅大伟
出版发行 / 山东出版传媒股份有限公司
明天出版社
地址 / 山东省济南市市中区万寿路19号

http://www.sdpress.com.cn http://www.tomorrowpub.com
经销 / 新华书店 印刷 / 东港股份有限公司
版次 / 2021年10月第1版 印次 / 2021年10月第1次印刷
规格 / 185毫米 × 260毫米 16开 印张 / 5.25
ISBN 978-7-5708-1203-5 定价：29.80元

如有印装质量问题，请与出版社联系调换。 电话：（0531）82098710

目录

导读

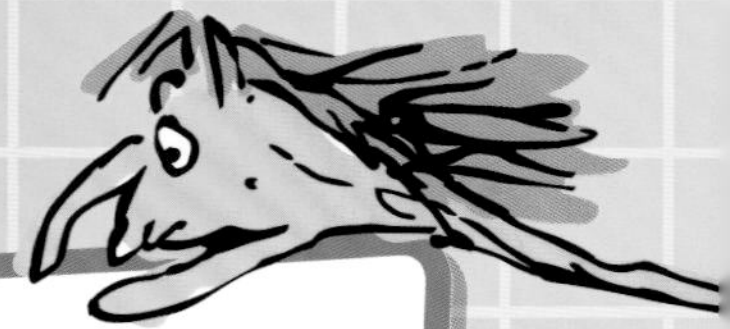

欢迎阅读《罗尔德·达尔故事世界的科学奥秘——小乔治的神奇实验》这本书！本书的创作灵感来自罗尔德·达尔的《**小乔治的神奇魔药**》，在这个**引人入胜的故事**中，乔治·克兰基受够了他的姥姥——她满口黄牙，爱发脾气，是个**可怕的老太太**。她那小小的嘴巴噘着，好像**狗屁股**。大多数人的姥姥都很可爱，而且心眼儿好，可乔治的姥姥**脾气坏透了，整天满腹牢骚**。乔治一直怀疑姥姥是一个巫婆。

一天，乔治决定**好好整治姥姥一番**。他想**发明一种药**，用它吓唬吓唬姥姥！他运用科学的魔力，将韦斯韦尔牌地板蜡、犬用跳蚤粉和芜菁花调制成了全世界**最神奇的药水**，药水的作用令人大吃一惊……

好吧，本书也许不会让你的姥姥拱破屋顶，也不会让你养的鸡产下像足球那么大的蛋，但会让你看到各种**爆炸和喷发**，听到**扑哧扑哧的声音**，闻到**臭气熏天的味道**……

所以，做好准备，去**发现各种科学奇迹**吧！（再次提醒：对于比较复杂的实验，一定要请大人帮忙呀！）

这，简直妙不可言！

第一章
神奇的大杂烩

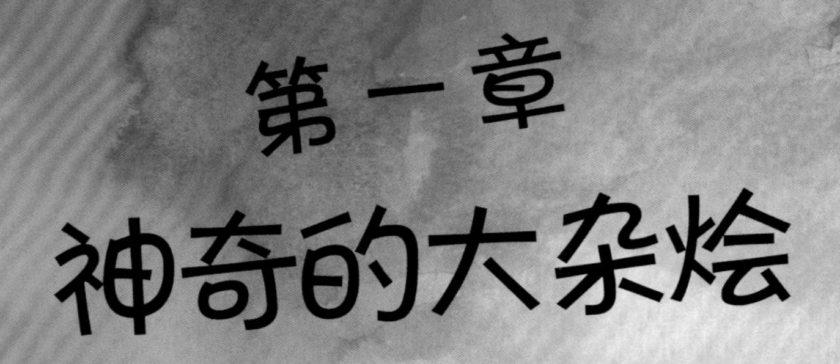

“你在那儿**搞什么鬼**呢？”姥姥**厉声喊道**，“我听到了古怪的动静！”

你准备好了吗？要想成为小乔治那样的**发明家**，唯一的办法就是把**各种东西**都扔进瓶子里，看看会发生什么。呵，那可太**好玩**了……

亲手制造火山大爆发

你将用到：

- 一个空的小塑料瓶
- 棕色塑形黏土
- 一个搅拌碗
- 白醋
- 红色食用色素
- 洗涤液
- 小苏打
- 厨房用纸或卫生纸

乔治特别讨厌姥姥。他总想做点儿什么，狠狠整治一下姥姥。是做一件**惊天大事**，还是**制造**一种**爆炸**呢……下面这个实验会告诉你，如何亲手制造一场**火山大爆发**！

这个实验**很快**就会把一切搞得**乱七八糟**，所以你要么在**室外**做，要么将**火山**建在一个烤盘或大盘子上。

怎么做：

1

将小塑料瓶的盖子取下，将瓶子竖放在一个平整的**平面**上，再用棕色塑形黏土**裹住瓶身**，尽量塑造出火山的形状。别忘了**在顶部留一个开口**，好让**岩浆**喷出。

在一只碗里将半瓶醋和少许**红色食用色素混合**。**按压一次**洗涤液瓶子，向混合物中加入几滴**洗涤液**，再将混合物进行搅拌。

3

小心地将醋和色素的混合物倒入瓶中。

4

将两三勺小苏打**包入**一张**厨房用纸**或卫生纸中，尽量将纸包包得小一点儿。

用**橡皮筋**将**纸包**捆好，防止小苏打漏出。

将纸包**丢进瓶子里**，然后**站远点儿**。**扑哧扑哧……嘶嘶作响**的岩浆从瓶口冒出——这场景就像真正的火山喷发一样，太神奇了！

5

想一想

尝试将瓶子的顶部截去一小部分，让瓶口**变得大一些**。**这会对实验结果产生什么样的影响**？

如果**不加**洗涤液会怎样？

实验原理

小苏打是化学物质碳酸氢钠的别名。碳酸氢钠是一种**碱性物质**。当它与醋中的**醋酸**混合时，会产生二氧化碳气体——**嘶嘶作响的冒泡魔药**实验（请见第6—7页）也会产生这种气体。少量的二氧化碳气体对人体无害，所以我们将其加入软饮料中，用来产生气泡。

组建 Q 弹腻子农场

你将用到：

- 一个大搅拌碗
- 面粉
- 五个鸡蛋
- 一杯白色乳胶
- 水（凉水即可）
- 你喜欢的食用色素

要制作**湿乎乎的 Q 弹腻子**，能用的方法太多啦，但是大多数方法都和各种**奇怪的化学物质**有关。我们可以用这些物质疏通下水道，或者吓唬那些惹人厌的姥姥们（她们之中应该没有你的姥姥）。我们要制作的这种**腻子**完全不含清洁剂，你可以像乔治那样，把它捏成任意大小的各种农场动物的形状。

怎么做：

1 将**两茶杯面粉**倒入一个大搅拌碗中。

2 打五个鸡蛋，把蛋液和面粉**搅匀**，加入**四分之三杯乳胶**，然后继续**搅拌**，每搅拌一会儿就加一点儿乳胶，直至乳胶用完。

3

搅啊，搅啊……再搅一会儿，边搅边**慢慢加入几汤匙水**，直到混合物变成**具有弹性的腻子**。

4

向混合物中加入**几滴**你喜欢的**食用色素**，用双手**将色素揉进去，让色素与混合物均匀混合**。

实验原理

你用**面粉**、**鸡蛋**和**水**做的是一个普通的**面团**。**乳胶**作为**黏合剂**，使面团黏性增加，变成一块儿**Q弹腻子**。你可以对**Q弹腻子**进行**拉扯**、**挤压**，把它**捏成各种形状**，还可以把它**做成跳跳球**呢！

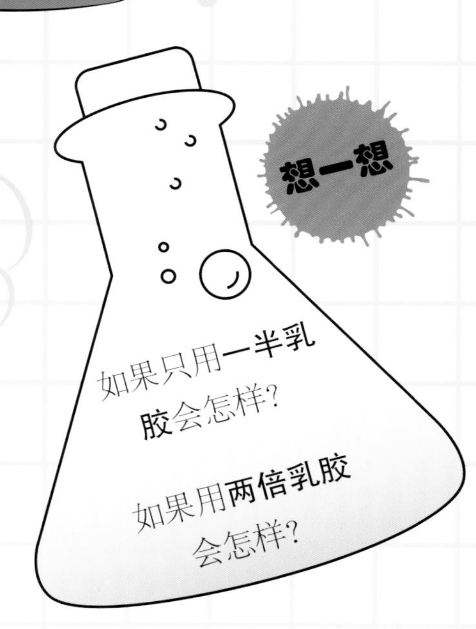

泛着泡沫、嘶嘶作响的魔药

在乔治配制魔药的时候，魔药**泛起了泡沫，嘶嘶作响**，好像活了似的！在本实验中，你可以为自己配制出具有同样效果的奇特魔药！

你将用到：

- 小苏打
- 一个塑料杯子（茶杯或马克杯皆可）
- 洗涤液
- 食用色素（也可不用）
- 柠檬汁

怎么做：

1 将**一茶匙小苏打**倒入塑料杯子（茶杯或马克杯都行，最好使用又细又高的杯子）中。

2 加入洗涤液（**按压一次**瓶子即可）。

将**小苏打**和**洗涤液搅拌均匀**。如果用勺子不好搅拌，可用长吸管。

如果想让魔药变成**彩色**的（谁不想呢），加入一些**食用色素**就可以啦，不过不要加太多，两三滴就够。

加入少量**柠檬汁，同时继续搅拌**。这时候，**气泡**就会产生并**逐渐充满**整个杯子！

5

加入更多**柠檬汁**和**小苏打**，直到**泡泡**从杯口溢出！

实验原理

小苏打与**柠檬汁**混合时会产生**二氧化碳气体**。当二氧化碳在洗涤液中嘶嘶作响并往上冒时，就会产生好多肥皂泡。瞧，**科学真奇妙！**

黏黏的糊糊

你将用到：

- 沸水（一定要请大人帮忙准备！）
- 一个大马克杯
- 明胶
- 绿色食用色素
- 玉米糖浆（或甘蔗糖浆）

乔治的姥姥是个真正的**丑老太婆**，她**脏兮兮的**，**令人恶心**！接下来，你可以学做一种令人讨厌至极的东西，这东西简直就和乔治的姥姥一样讨厌。

怎么做：

1

小心地向马克杯中倒入半杯沸水，再向杯中加入三茶匙明胶。

2

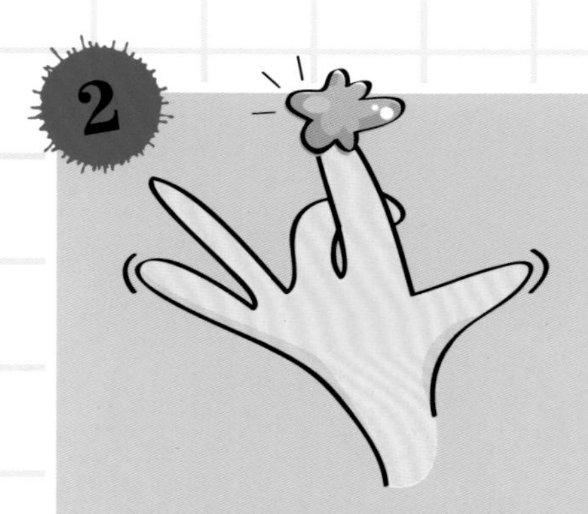

等候 20—30 秒钟。你不妨趁这会儿工夫，回想一下你所见过的**最大块儿的糊糊**是什么样子的。

用**叉子搅拌**一下马克杯里的混合物。加入一两滴**食用色素**。

加入**三分之二杯糖浆**，再**搅拌**一次。

慢慢加入冷水，直到糊糊变得**非常均匀且黏稠**。

想一想

如果往半杯开水中加的**不是明胶而是果冻粉**会怎样？

如果往开水中加的**不是糖浆而是糖**会怎样？

实验原理

可能浮现在你脑海里的鼻涕是**蛋白质**与**糖**的混合物，有点儿像刚才你搅拌的混合物。那些能扯得长长的糊糊块是**蛋白质链**，正是它们让你可以对真真假假的糊糊进行**神奇的拉伸**！

会跳布吉舞的糊糊

姥姥的声音既不温柔也不可爱——她的嗓门**又尖又大**！接下来，你将学会怎样亲手制作**超级糊糊**，见识一下**看不见的声波**有何奇妙的作用。本次实验有些麻烦，但是很**好玩**，因为它**将两个实验合二为一**了！

你将用到：

- 一个用于搅拌的碗
- 玉米面
- 水
- 一个低音音箱
- 一个薄的金属烤盘
- 食用色素（也可不用）

怎么么做：

1

将**两茶杯玉米面**与**半茶杯水**混合。继续加水，直至糊糊变得又稠又黏。如果你喜欢，可加入几滴食用色素。

2

将低音音箱**正面（即喇叭所在的一面）朝上**放置，将金属烤盘放在音箱**喇叭**的正上方。

3

将你做的糊糊**倒入**烤盘中。

4

轻轻按住烤盘的一个角，将它稳住。打开低音音箱播放音乐，**将音量调大一点**。（千万不要吵到邻居！）

5

糊糊应该会在烤盘上**抖动着跳起舞**来。如果没有，就换一首歌，或者调整音量，也可以试着使劲按压烤盘。

想一想

什么样的声波能让糊糊跳舞跳得**更起劲**？**低频的**还是**高频的**？

稠的糊糊会比**稀的糊糊**跳得更带劲吗？

实验原理

静止状态下，玉米面和水的混合物基本呈液态，但是**当混合物被不断搅动时**，它会变得越来越结实，即从液态向固态转化。当声波**通过糊糊时**，**会改变糊糊的均质性**，让糊糊在**液态和固态之间来回转变**。

比流沙还快

你将用到：

- 玉米面
- 水
- 一个塑料盒或塑料罐

姥姥喝下**魔药**后就开始长高，速度快得令人难以置信——她刚才还坐在椅子上呢，可没过一会儿就**拱破了屋顶**……好啦，言归正传，流沙也是一种非常**神奇的东西**。它是液体还是**固体**，抑或兼具二者的性质？让我们做一些流沙，边做边寻找答案吧。

将一大杯**玉米面倒**入你准备的容器中。

向容器中加入**一半水。对玉米面和水进行搅拌。**

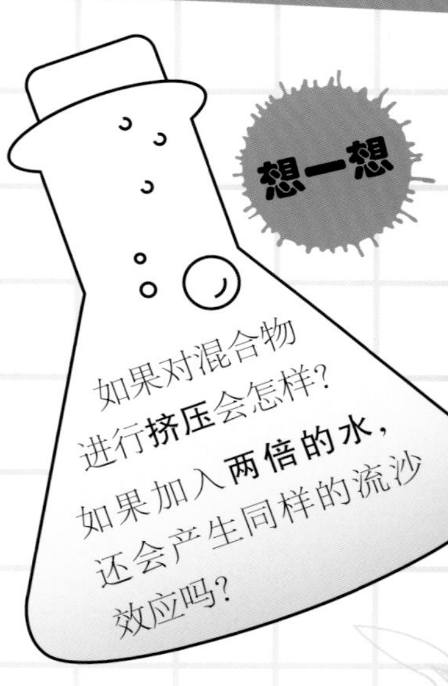

实验原理

流沙与第 10 — 11 页上提到的**跳舞的糊糊**类似。**慢慢搅动**玉米面和水，二者的混合物就会保持液态，这是因为水能够在玉米面的颗粒之间流动。但是如果**迅速搅动**玉米面和水，玉米面颗粒之间就没有了运动空间，玉米面颗粒会**靠在一起**，形成黏稠的混合物（黏稠到几乎凝固成块状的程度）。若尝试用铅笔的笔尖使劲戳玉米面和水的混合物，你会发现，笔尖戳到的位置会**瞬间变硬**。如果想让大家刮目相看的话，你可以告诉他们，玉米面和水的混合物是一种不遵循牛顿物理学定律的**非牛顿流体**。

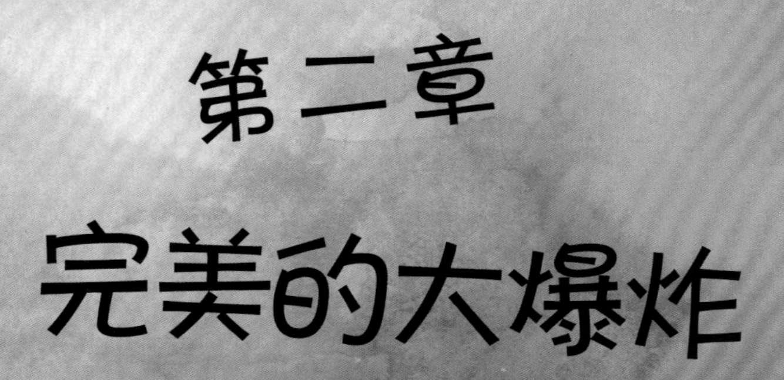

第二章

完美的大爆炸

魔药的爆炸力到底有多大？

它能把什么东西**炸开了花**？

它能让什么东西沿着马路**远远飞走**？

它又能让什么东西噗的一声化为一缕青烟？

它能不能让一罐可乐嘶嘶冒泡？

…………

好吧，乔治暂时无从得知他的魔药爆炸力有多大，但是姥姥会不会知道呢？

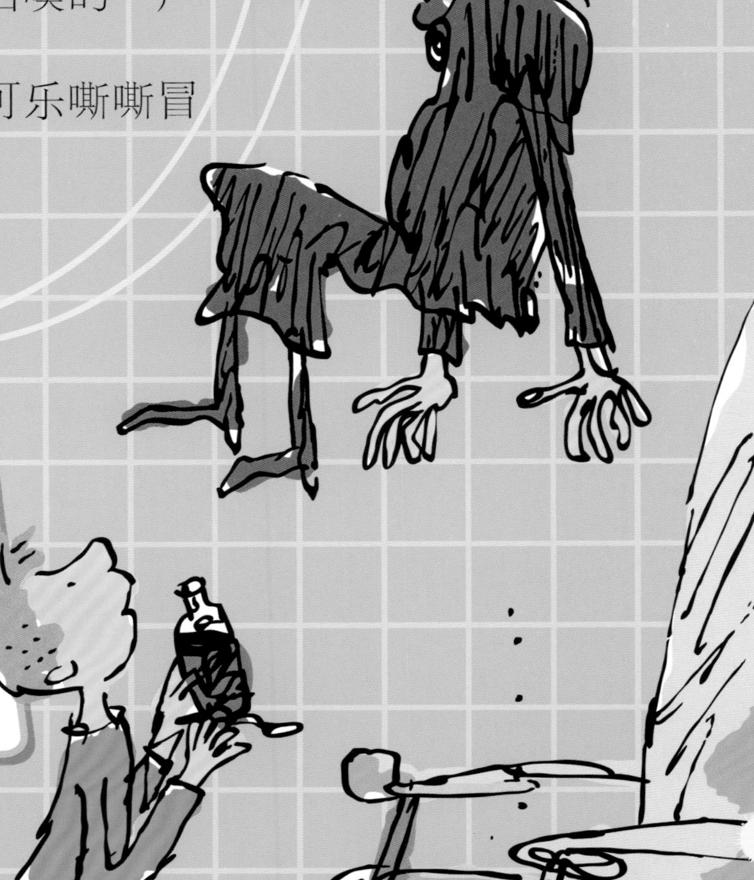

砰——砰——砰！

你将用到：

- 小苏打
- 厨房用纸或卫生纸
- 白醋
- 自封袋
- 温水

姥姥听到一阵奇怪的**动静**从厨房里传出来。她**怀疑乔治**在**捣蛋**，但是她永远都猜不出乔治在酝酿什么恶作剧！下面，请先尝试一下这个绝对安全的爆炸实验，**好好享受**一下这个**爆炸**（仅从字面意思理解的**爆炸**）**实验**的乐趣吧！

⚠ 这个实验会把屋子里搞得乱七八糟，所以实验场地最好是室外，实验的操作者最好穿件旧衣服。

怎么做：

1. 将**一大勺小苏打**置于一张厨房用纸（或几张卫生纸）上面，然后将纸**包成一个小包**。

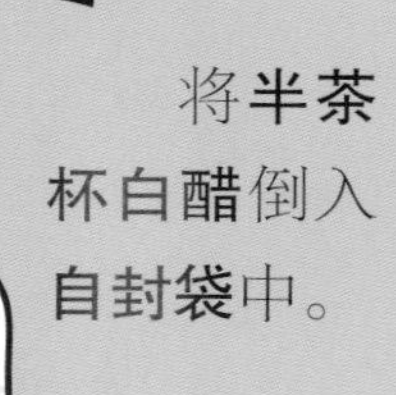

2. 将**半茶杯白醋**倒入**自封袋**中。

3

往自封袋里加入**温水**（水量大概是**醋的一半即可**）。封好袋子时，在封口处留出一点儿空隙，便于**将包有小苏打的纸包**塞进袋子。

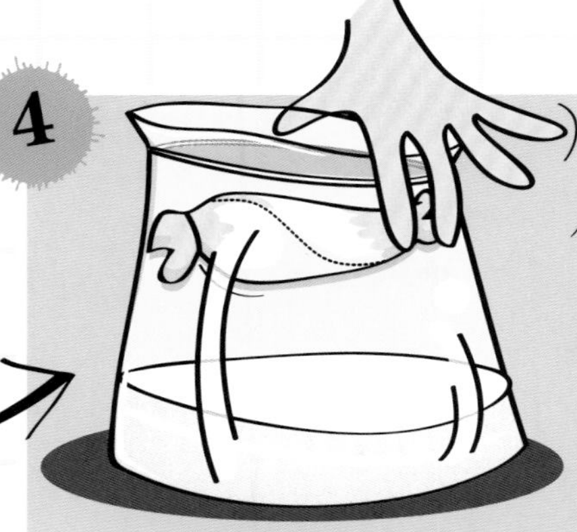

4

此步骤请小心操作：将纸包**塞进袋子**，但需隔着袋子用手**捏住纸包**，以免纸包里的**小苏打掉入液体中**。将袋口其余部分封好，确保**没有空隙**。

5

迅速晃动袋子，浸湿纸包。

丢掉袋子，躲远点儿。袋子会逐渐鼓起来，然后砰的一声炸开！

想一想

如果不往装有白**醋的袋子里**加入**水**会怎样？

如果在将小苏打纸包丢进装有醋酸的袋子之前，**把自封袋放在另一个同样装有这种溶液**的**自封袋里**，会出现怎样的现象？

实验原理

在本次实验中，**二氧化碳**再次大显身手啦。记得吗？在前面的实验中，二氧化碳可以自由地散发到空气中，而在本次实验中，我们把它**封了起来**。当小苏打（**碳酸氢钠**）与白醋（**醋酸**）发生反应时，二氧化碳气体迅速充满了袋子，直到袋子里再也没有空间时，袋子就炸开了。

飞上天的胶卷盒

乔治的爸爸养了好多只**鸡**，其中一只只要喝一勺**乔治配制的魔药**，就会像**小火箭**一样飞上天！

制造**小火箭**的简单实验有很多，本实验只是其中的一个，但本实验的结果相当**震撼**！（请放心！做本次实验**不需要用到鸡**。）

你将用到：

- 一副护目镜
- 苏打水泡腾片（或其他类似的消食泡腾片）
- 一个带盖的 35 毫米规格的塑料胶卷盒
- 一杯水

这个实验需要**在室外做**，这样你才有**足够的空间**让你的**小火箭**飞上天。

怎么做：

1 戴上**护目镜**。将一片苏打水泡腾片掰成两半。

2 **取下胶卷盒的盖**，向盒内加入**一茶匙水**。接下来，一切都会以迅雷不及掩耳的速度发生，所以请确保所有**观众**都站在距离胶卷盒**两三米远**的地方。

3

向胶卷盒内丢入**半片泡腾片**，然后**迅速**盖上盒盖。你应该会听到**咔**的一声，这说明盒盖盖好了。

实验原理

泡腾片与水混合后，便开始产生**二氧化碳气体**。随着化学反应的进行，二氧化碳越来越多，胶卷盒里的**压力**也越来越大。最后，由于盒内压力**太大**，**盖子会被顶开**。因为胶卷盒是倒放在地上的，所以盒子会被二氧化碳气体产生的压力**推上天空**，**地上只剩盒盖**。

4

将胶卷盒**倒放**在地上。**赶紧退后！**

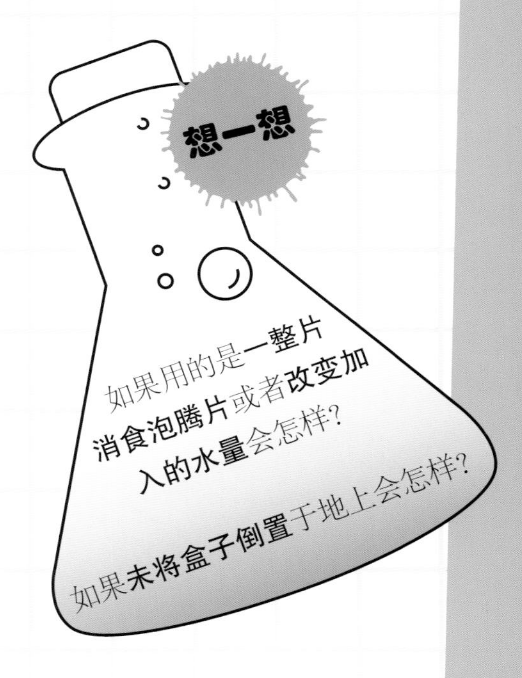

5

10—15 秒后，胶卷盒会**像小火箭一样飞到空中**，而盒盖会留在原地。如果发射失败，务必**等候至少 1 分钟之后再走近查看**，然后才可做新一轮实验。（实验失败很可能是因为**盒盖没盖紧**。）

令人惊叹的声波

怎么做：

你将用到：

- 一个硬纸筒（卫生纸的卷筒就很理想）
- 硬纸或卡片
- 剪刀
- 一支削尖的铅笔
- 胶带
- 薄塑料（可利用自封袋）
- 一根橡皮筋
- 一些绒毛（或者其他很轻的物体）

声波一直在空气中**快速运动**，就像喝下**魔药**的那只鸡一样！但是，只有当声波传到我们耳朵里，使**鼓膜开始振动**时，我们才能听到**声音**。本次实验将告诉你，**声波**若足够强大，就能让物体**移动**！

1

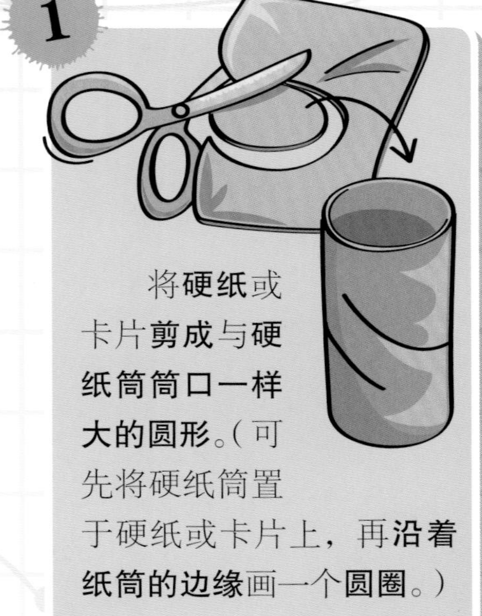

将**硬纸**或卡片**剪成与硬纸筒筒口一样大的圆形**。（可先将硬纸筒置于硬纸或卡片上，再**沿着纸筒的边缘**画一个**圆圈**。）

2

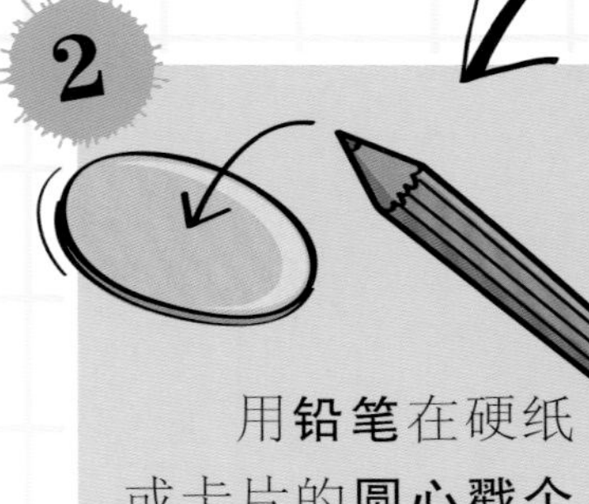

用**铅笔**在硬纸或卡片的**圆心戳个小孔**。

3

用胶带将圆形硬纸或卡片**粘在纸筒**的一端，但**不要遮住**你戳的小孔。确保硬纸或卡片与直筒的接合处**没有空隙**。若有空隙，可多用些胶带。

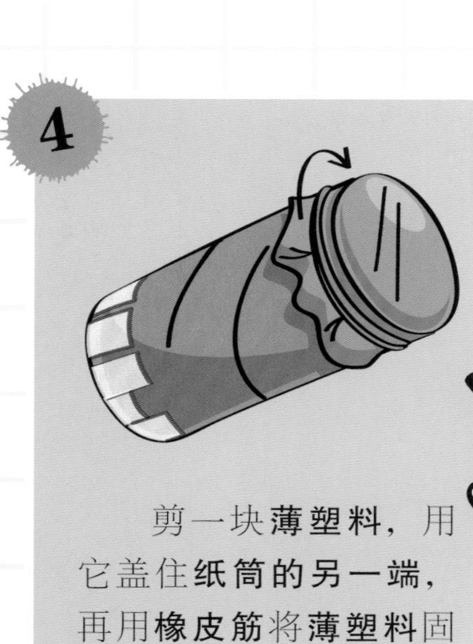

4

剪一块薄塑料，用它盖住纸筒的另一端，再用橡皮筋将薄塑料固定好。薄塑料一定要压平、扎紧。

5

将纸筒带孔的一端对准绒毛。轻轻拍打薄塑料，观察绒毛的飘动情况。你会发现，越用力拍打，绒毛就飘得越远！

想一想

如果将绒毛换成更重的物体会怎样？

如果用更长的纸筒，声波会更强还是更弱？

实验原理

当你用手指连续敲击纸筒一端扎紧的薄塑料时，薄塑料会发出声音。当声音迅速传到纸筒的另一端时，由于无处可去，所以就在经过压缩之后通过小孔。经过压缩的声波，是足以让物体移动的。

气泡灭火

你将用到：

- 大人的协助
- 一根小蜡烛
- 一个玻璃罐或玻璃杯
- 塑形黏土
- 小苏打
- 白醋

乔治给**姥姥**服下魔药后，姥姥感觉自己的**胃难受极了**！“这感觉很不对劲！”她嚷道，“难道我的胃里**着火**了吗？”姥姥的胃需要**灭火，马上**！对了，醋和小苏打可以用来**制造爆炸**，但也可用来**阻止火势蔓延**。

一定要**让家里的大人**帮你**做这个实验**。

怎么做：

1

用塑形黏土把**蜡烛固定在玻璃杯底部**。注意：选用的蜡烛不能太长（**不能高于玻璃杯口**）。

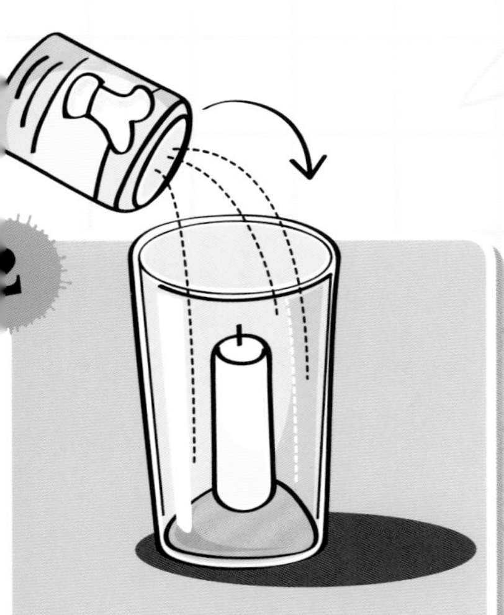

2

在玻璃杯的底部和塑形黏土上撒满小苏打。

3

让大人点燃蜡烛。

4

用勺子在小苏打上滴一些白醋。不要加太多醋，也不要把醋滴到蜡烛上。

5

小苏打和白醋发生反应，产生了许多气泡！蜡烛会被气泡熄灭，就像被施了魔法！

实验原理

火在有氧环境中才能燃烧，因此当玻璃杯中的氧气被二氧化碳气泡赶走时，蜡烛便会熄灭。

神奇的薄荷味间歇喷泉

你将用到：

- 一大瓶可乐
- 硬纸板或薄卡片
- 一包薄荷糖
- 迅速反应能力

乔治不确定姥姥**喝下魔药**后会怎样。她嘴里会喷出大片烟雾吗？她会像吹哨子似的嘘嘘地叫吗？她的嘴里、鼻子里和耳朵里会嘶嘶作响、冒出蒸汽吗？言归正传，本次实验需要**用到可乐**，还需用到**宽阔的室外场地**！在做这个**威力十足的实验**之前，你可能会有**穿上防水服**的想法，还要准备一把**雨伞**备用。

千万不要在室内做这个实验，否则房间将再也恢复不了原样！

怎么做：

1

将可乐瓶**竖放**在**室外某处**，确保**周围有足够大的空间（尤其是瓶子上方）**。

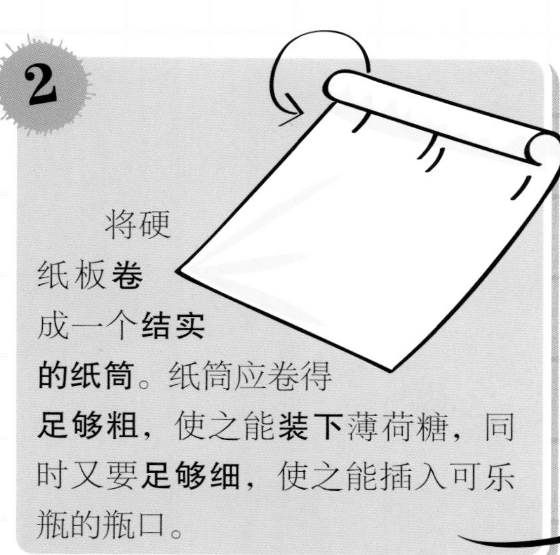

将硬纸板**卷**成一个**结实的纸筒**。纸筒应卷得**足够粗**，使之能**装下**薄荷糖，同时又要**足够细**，使之能插入可乐瓶的瓶口。

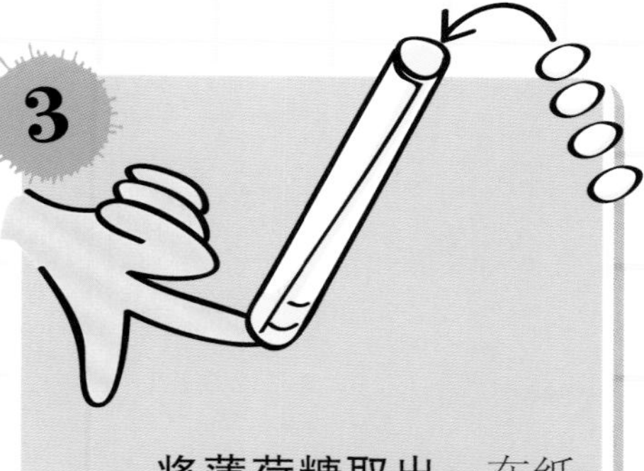

将薄荷糖取出，在纸桶中排成一竖列。用**手指堵住纸筒底部**的**开口**，以防薄荷糖掉出。

实验原理

薄荷糖和可乐为什么会发生这样的反应？**科学家们**一直对此颇感**困惑**。过去他们曾认为这是一种**化学反应**，但现在他们认为这是一种**物理反应**——当薄荷糖被丢进可乐中时，薄荷糖**坑坑洼洼的表面会吸收大量二氧化碳分子**。当薄荷糖沉到瓶底时，**二氧化碳会一下子被释放出来**，从瓶口**喷射而出**。

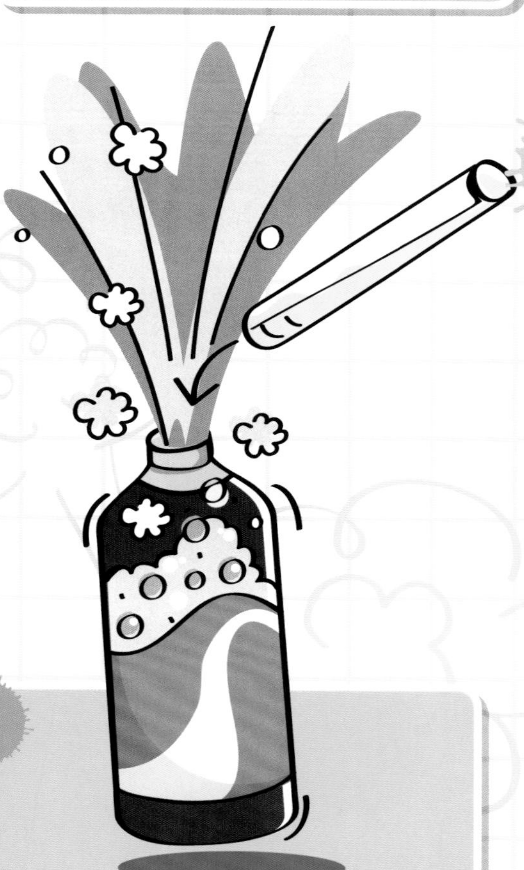

将纸筒底部**靠近可乐瓶口**。**松开手指**，让薄荷糖掉入瓶中。赶紧**跑远些**，因为可乐会喷得很高，然后像雨点儿一样落下来！

请翻到第 28 页，看看还能怎样利用薄荷糖和可乐！

瓶盖发射器

制作一个**威力十足**的**瓶盖发射器**吧，只需要用一个标准的塑料水瓶、你的双手和很大的力气就可以。

你将用到：

- 一个空塑料水瓶
- 有力气的双手

怎么做：

1 拿一个**空的塑料水瓶**，将瓶盖**拧紧**。一只手握住瓶子的上半部分，另一只手握住瓶子的下半部分。将瓶口**避开你的脸**（也应避开任何人的脸）。

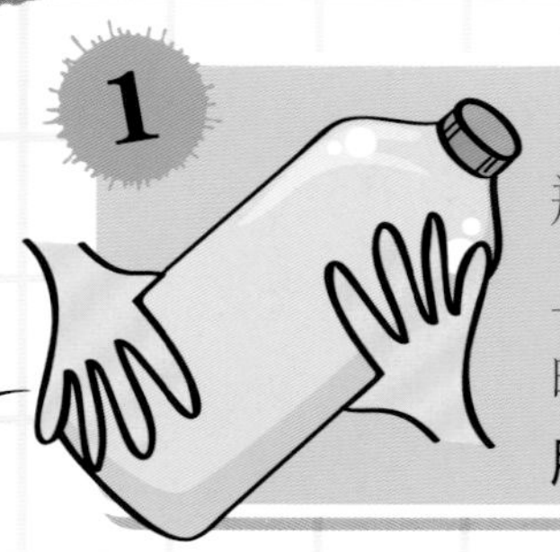

2 将瓶子的上下两部分**朝相反方向扭动**，能扭多久就扭多久。

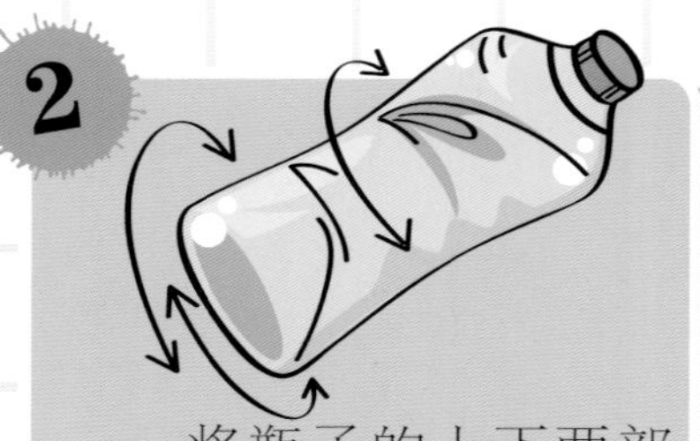

3 当瓶子**扭不动**时，请**缓慢地**拧开瓶盖。

4 **砰**！瓶盖会**飞出去**，且能**飞好几米远**！

实验原理

将**瓶子**扭得**越厉害**，瓶子内的**空气**就**被压缩得越厉害**。当你再也扭不动瓶子时，瓶子内的空气就会迫不及待地想要寻找出路。当你**拧开瓶盖**时，被压缩的空气便夺路而出，瓶盖就这样被**发射**出去了。

想一想

瓶盖被发射出去后，**瓶身会怎样**？

瓶盖**砰的一声飞走**之后，**瓶子内的空气**会有什么**异常**？

第三章

活力满满的运载工具

“好啊，妙啊！”姥姥喊道，“就让我一个劲儿地长个儿吧！”

喝了一大口魔药后，姥姥就开始长个儿了！她**越长越高，越长越快！**

在本章中，你将掌握让各种物体**快速移动**（而不是让你年长的亲戚快速移动）的方法。

快乐的喷气式气球

你将用到：
- 一根长长的细绳
- 直吸管
- 胶带
- 气球

从**赛车**到**高速飞机**，世界上**速度最快的运载工具**几乎都是由**喷气式发动机提供动力**的。喷气式发动机是怎样为运载工具提供**如此强大的动力**的？做完下面这个简易的实验，你就明白啦。

怎么做：

1

选取房间内**正对着的两面墙**。

2

将绳子剪短，使**绳子的长度**比**两面墙之间的距离**长一点。将细绳**从吸管中**穿过。

3

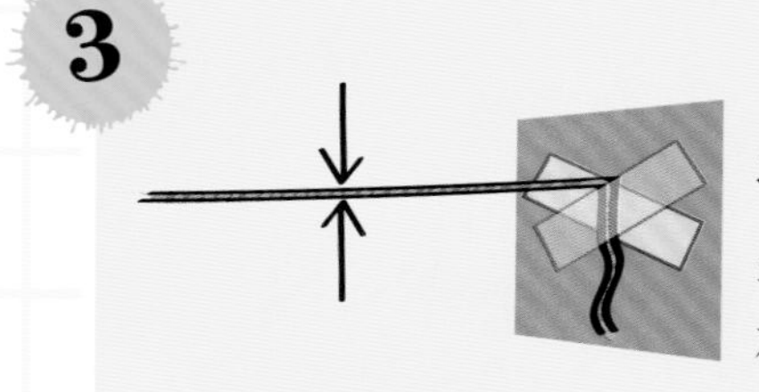

用胶带将绳子的**一端粘在一面**墙上，将另一端粘在**另一面**墙上。将绳子**拉紧**，确保绳子中间**不下垂**。

4

尽量给**气球充满气**（千万不要充爆），但**不要将开口扎住！**攥住气球的开口，用**胶带**将气球粘在吸管上。

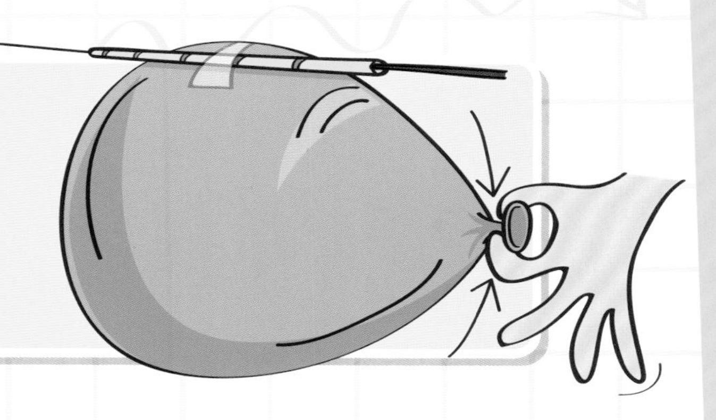

5

将粘着气球的吸管滑到**绳子的一端。松开攥着气球开口的手。看！气球**会**沿着绳子飞速穿过房间！**

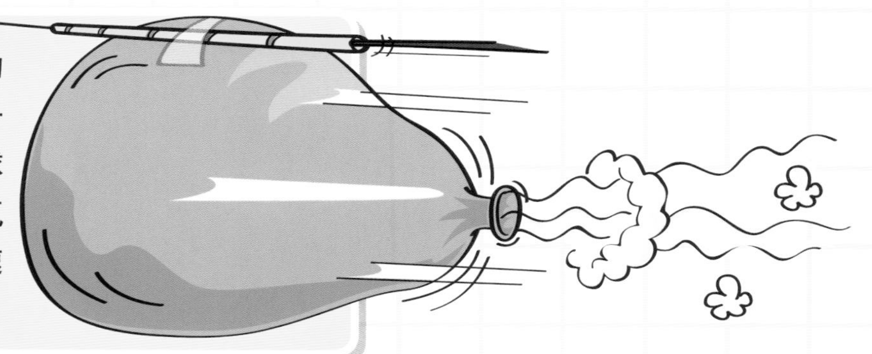

想一想

如果**没有**将气球**粘**在吸管和绳子上会怎样？

如果**将绳子的一端**粘在**地板**上，**另一端**粘在**天花板**上，结果会怎样？

实验原理

喷气式发动机的工作原理是：发动机**前部吸入的空气**被**加热至高温状态后**，从发动机的**后部**喷出。喷气所产生的推力为**运载工具**提供了**前进的动力**。本次实验的原理与喷气式发动机的工作原理相近：空气从气球开口逸出时产生的推力足以让气球**飞**出去。气球会一直飞，直到**气球中的空**气耗尽。

冒泡沫的火箭瓶

你将用到：

- 一大瓶可乐
- 一包薄荷糖
- 美纹纸胶带
- 护目镜
- 室外一处非常空旷的地方
- 旧衣服和旧鞋子

乔治发现，给姥姥配制**魔药**时，无论将什么材料丢进**大锅**里**炖**都十分好玩。而我们在上一章中也发现，将**薄荷糖丢入可乐中**，会发生非常有趣的现象。在本次实验中，让我们来瞧一瞧，能否充分利用**爆炸的威力**来发射我们自己的**火箭瓶**吧！

怎么做：

1 将瓶盖取下，放在一边。

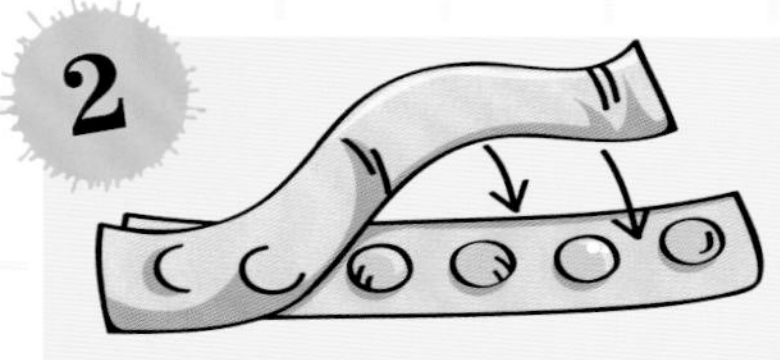

2 用**两三条美纹纸胶带**将六七粒薄荷糖**固定住**。确保**每一粒薄荷糖的四周**都有**空隙**，好让可乐与薄荷糖充分发生反应。

注意，本次实验也**只能在空旷的室外**做哟。

3

将固定着薄荷糖的胶带的一头**粘**在可乐瓶盖的**内侧**，确保**粘牢**。**戴上护目镜（务必）**。

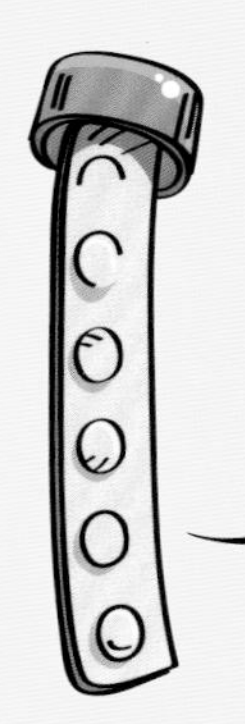

4

倒出一部分可乐，以便留出**足够的空间**将**固定着薄荷糖的胶带**悬置于可乐瓶内。**请注意：不要让薄荷糖碰到可乐，还不到时候！小心翼翼地**将瓶盖拧上，**但不要拧太紧**。

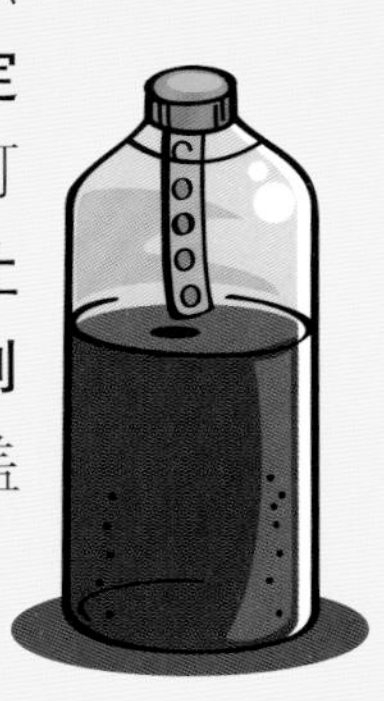

5

使劲晃动瓶子，然后将它尽可能地**扔向高处或远处**。你会看到：瓶子像**火箭一样**被发射出去，然后要么**在空中乱跳**，要么在**地上乱窜**。

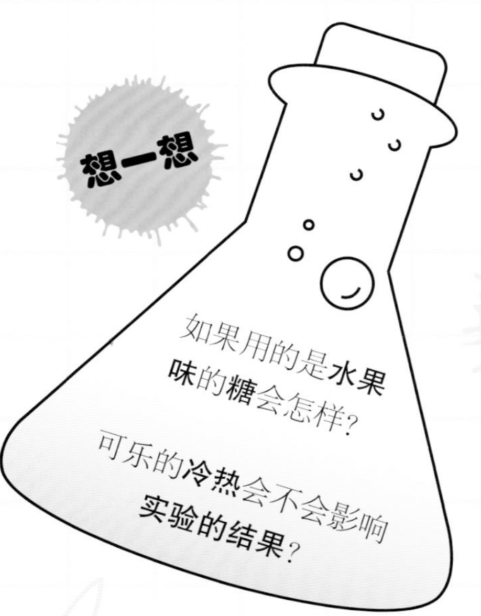

实验原理

还记得吗？在第22—23页所介绍的实验中，**二氧化碳气体**急于从瓶子里**跑出来**。**本次实验**与那个实验有相似之处：在瓶盖被顶开之前，瓶子里的**气压**会**增加**，**使可乐**以更快的速度**喷出**，从而推动瓶子**以飞快的速度**乱窜或乱跳。

简单的磁力小车

你将用到：
- 卡片
- 一个空火柴盒
- 两块磁铁（一大一小）
- 吸管
- 胶带
- 两根细竹签
- 剪刀

我们将在第五章更仔细地研究**磁铁**，但是现在你可以先制作一个**磁力小车！**磁力小车做好后，你只需用**两块磁铁**便可**让这个小车**在平面上行驶！

怎么做：

1

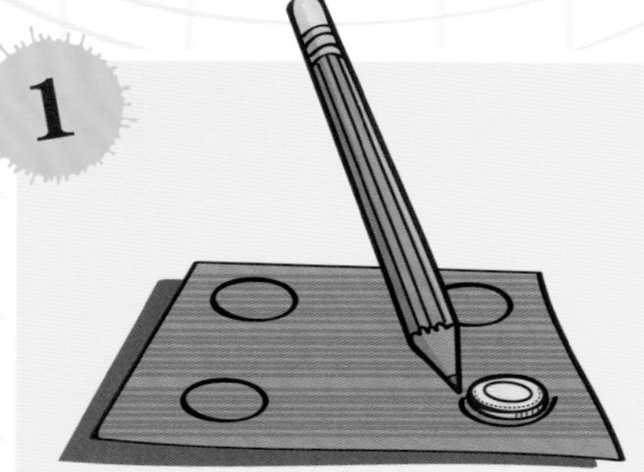

在卡片上**画四个圆**并剪下来，这就是磁力小车的轮子。画圆时，可**沿着一元硬币的边缘**画圆圈，以确保四个圆大小相同。

2

将**小磁铁用胶带粘在火柴盒的内盒**中，然后将内盒装进外盒。

3

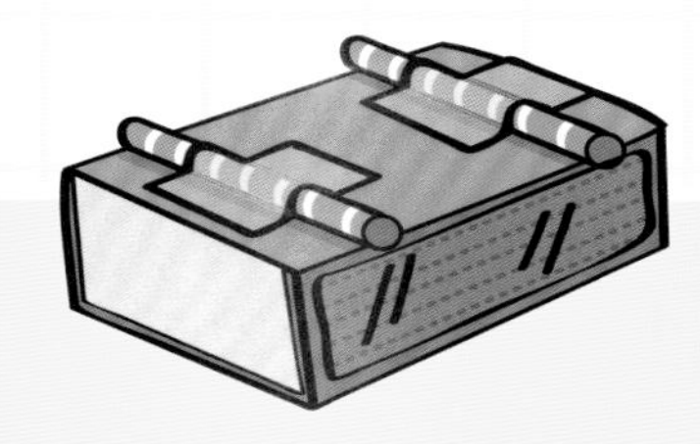

将吸管**剪成两段**，确保**每段的长度与火柴盒的宽度一样**。将这两段吸管**用胶带粘**在火柴盒**底部**，使它们**各自靠近火柴盒的一端**。吸管的两端就是安装轮子的位置。

4

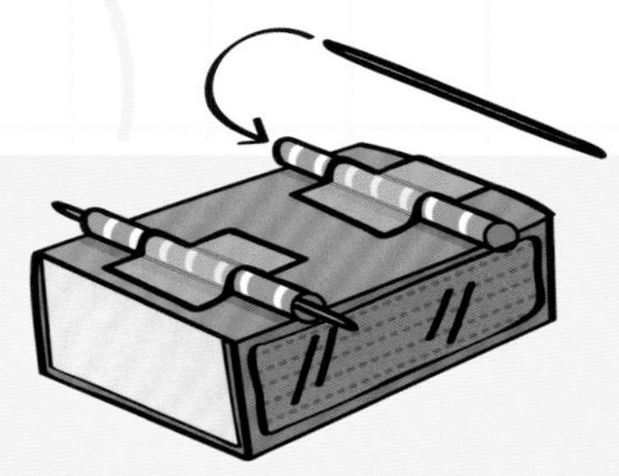

将细竹签**穿过吸管**，确保细竹签在吸管两端露出的部分是等长的。细竹签可能太长，不过别担心，我们可以在后面的步骤中**用剪刀将它们剪短**。

5

在**每张圆形卡片的圆心**戳一个小孔，然后将四个圆形卡片都**穿**到细竹签上。现在你可以将细竹签的多余部分剪掉了。

6

将这个**可爱的磁力小车**放在**光滑的平面**上，再将**大磁铁**放在它**附近**。磁力车要么会驶向大磁铁，要么会驶离大磁铁。

实验原理

每块**磁铁**都有**南极**和**北极**，**“同极相斥、异极相吸”**的**磁力作用**被人们用作**某些类型的火车**的动力。本次实验中的火柴盒磁力小车就是**由磁力驱动**的。

想一想

如果**卸下小车的轮子**，小车还会在磁力作用下移动吗？

能用这个磁力小车去**推动磁铁**吗？

火箭瓶发射升空啦！

你将用到：
- 卡片
- 剪刀
- 空塑料瓶
- 胶带
- 一个带气针的打气筒
- 一个软木塞
- 水

在第 28—29 页，我们知道了制造火箭瓶的一种方法，那种方法会让一切变得乱七八糟、失去控制。本次实验也与火箭瓶有关，但结果**远没有那么糟糕——可乐不会喷得到处都是！**不过，本次实验**依然只能在室外做**。

怎么做：

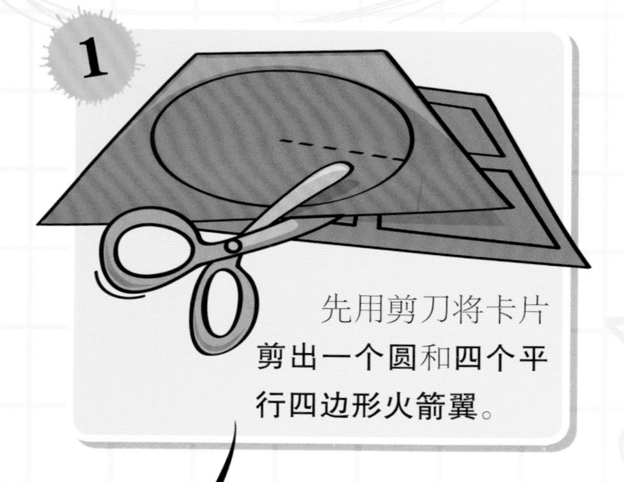

1 先用剪刀将卡片**剪出一个圆**和**四个平行四边形火箭翼**。

2 **取下瓶盖，将瓶子倒置，**用胶带将**四个翼粘到瓶子上（像左图这样）**。**在圆形卡片**上沿着**一条半径**将卡片剪开，将其卷成一个圆锥体。用胶带将这个圆锥体**粘到瓶底上**（这个圆锥体就是火箭头）。

3

将脚踏式打气筒的**气针穿过**软木塞——这可能有些费事，所以要**请大人帮忙**。向瓶子里灌入**三分之一瓶**水。**用软木塞**将瓶口**塞住**，将水**密封**在瓶子里。

4

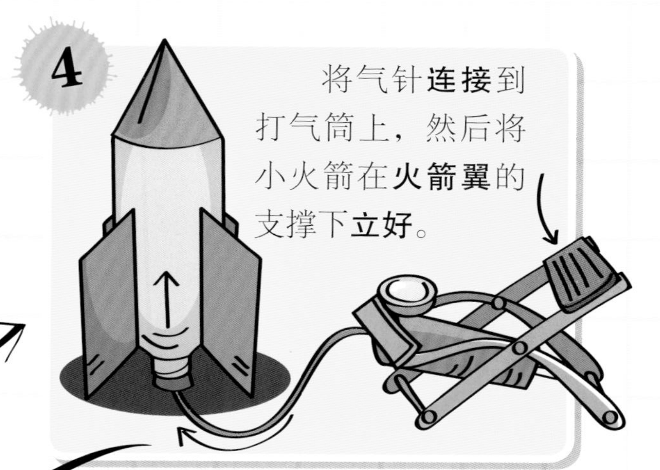

将气针**连接**到打气筒上，然后将小火箭在**火箭翼**的支撑下**立好**。

5

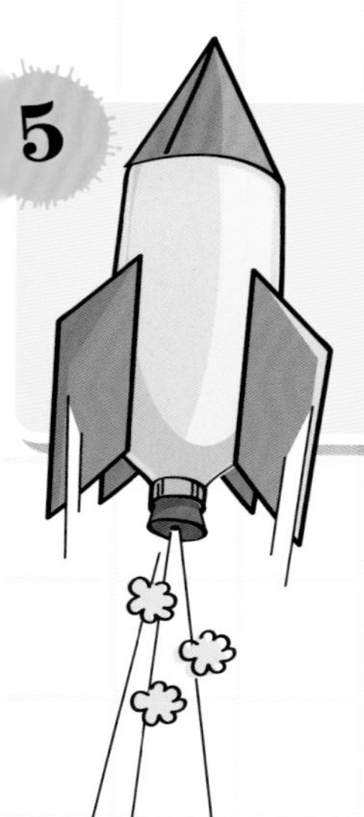

用打气筒**给瓶子充气**。一开始，什么都没发生，但是过了一会儿——**嗖的一声**，你的小火箭就发射升空啦！

实验原理

空气通过打气筒和气针进入瓶子里后，**瓶子里的气压会增加**。当瓶子无法承受更多压力时，塞住瓶口的**软木塞**便会**被顶开**。由于作为小火箭主体的瓶子是倒立着的，所以软木塞被顶开时**产生的动能**会将瓶子**发射到空中**，**从瓶口喷出的水**就相当于**火箭的尾焰**。

建造属于自己的快艇

你是否想拥有一个**小快艇**？现在你可以（在一定程度上）梦想成真了！本次实验**简单快捷**，不过你**可能会把自己搞得浑身湿漉漉**的……现在，就让我们来一探究竟吧！

你将用到：

- 一张薄卡片
- 一个干净的塑料碗或塑料盆
- 水
- 洗涤液

怎么做：

1

将卡片剪成快艇的形状，快艇要**足够小**，以确保塑料碗或塑料盆能容纳它。**小心地**将**快艇**放到盛满水的塑料碗或塑料盆中，让它在**水面上躺平**，**靠近**碗的一边。

2

用沾了洗涤液的手指**碰一下快艇后方的**水。瞧！快艇**飞快地跑**向碗的另一边了！

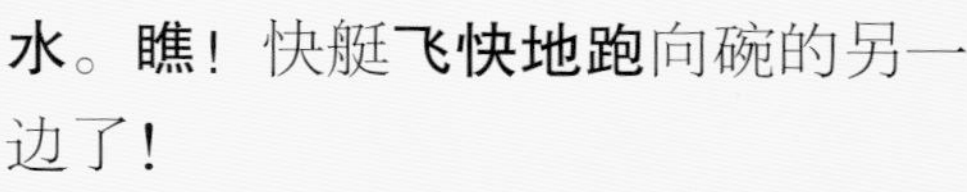

想一想

如果**加入**更多**洗涤**液会怎样？

你还可以**让什么东**西浮在水面上？

实验原理

在水的**表面张力**（相当于水分子聚集**在水面时形成的一层膜**）的作用下，快艇会浮在水面上。加入洗涤液后，快艇**后方的水**的**表面张力遭到了破坏**，快艇**前方**的水的表面张力便**牵着快艇向前跑**了。

第四章

美味的食物与好喝的饮料

下面介绍**食物和饮料**的几种**稀奇古怪**的用途，这些用途连乔治都没想到！

在本章中，无论看到什么，**液态的**、**粉末状的**或**糊状的**，都能拿来用！

全黄蛋的诞生

你将用到：

- 一个生鸡蛋
- 一条紧身裤袜
- 橡皮筋
- 水
- 煮蛋锅

乔治的魔药不仅让姥姥拱破了屋顶，还将爸爸养的**鸡变大了近十倍**！魔药的**魔力**还对**鸡蛋**发生了作用！**现在轮到你了**！大家都知道，将煮熟的鸡蛋剥壳，会看到蛋白，而蛋黄是被包裹在蛋白里面的。但是，有一种方法可以**让蛋白也变成蛋黄**。我们来一探究竟，见证**全黄蛋**的诞生吧！

怎么做：

1

将**生鸡蛋**放进紧身裤袜的**一条裤腿**中，置于**裤腿的中间位置**。如果可以的话，将另一条**裤腿剪掉**。借助**橡皮筋**将鸡蛋**固定**在裤腿中，以免鸡蛋到处滚动。

2

用**双手**抓住紧身裤袜的**两端**，确保手和鸡蛋之间有**几厘米**空隙。

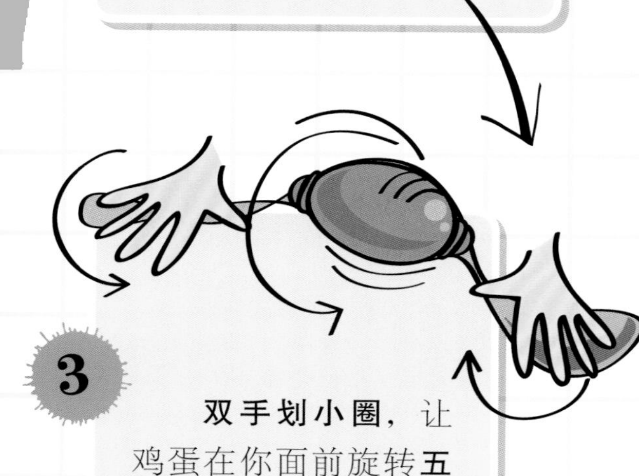

3

双手划小圈，让鸡蛋在你面前旋转**五分钟左右**。

4

让大人用中小火把鸡蛋煮八分钟左右，然后剥开蛋壳……好啦，看到**全黄蛋**了吗？你可以大吃一惊啦！

实验原理

用**紧身裤袜旋转物体**时，会产生**离心力**，迫使**物体的中心**（即本次实验中生鸡蛋的蛋黄）**向四周扩散**。这样，**蛋黄和蛋白**就**混为一体**了。不过，这枚**全黄蛋**依然是可以吃的哟！

吹气球
（但不是你以为的那样）

气球很**奇妙**。它们只不过是一层**薄薄的橡胶**，被**一团空气撑开后**，竟好玩得不得了！只可惜吹气球实在太费劲了，不过别担心——**科学有妙招**，**吹气球**可以**更便捷啦**！

你将用到：

- 一包跳跳糖
- 一个气球
- 一个小漏斗
（你随时可以用卡片亲手制作）
- 一瓶汽水
- 一根橡皮筋

怎么做：

1

将跳跳糖倒入**未充气的气球**中。这时漏斗就派上用场了。

2 **取下**汽水瓶的**瓶盖**。

3

这一步有点儿麻烦，你得请大人协助：**将气球的充气口撑开**，套在瓶口上，再用**橡皮筋**扎牢。注意：不要让跳跳糖落入汽水中！

4

将气球轻轻向上拉，让跳跳糖**落入汽水中**。气球会被慢慢**充满气**，而你只需要看着就行！

实验原理

要想理解本实验的原理，得先明白**跳跳糖**为什么会**跳**。跳跳糖的内部有**成千上万个小气泡**，每一个小气泡里都是**被高度压缩**的二氧化碳。当跳跳糖**被唾液溶解时，小气泡里的二氧化碳**便被释放出来，让你感受到**跳来跳去**的**神奇口感**！如果让跳跳糖在汽水中溶解，**跳跳糖中的二氧化碳**便会和汽水中的二氧化碳一起**连蹦带跳**地**跑到气球中**，将气球**吹**起来！

嘎嘣脆的水晶糖

现在，让我们来学习一下如何做**嘎嘣脆的水晶糖**吧！做这种奇妙的水晶糖不仅很好玩，还能让你尝到甜甜的好味道呢，连**脾气特别坏**的**姥姥**吃了它也会咧嘴大笑！

你将用到：

- 水（最好是瓶装水）
- 一个长柄炖锅
- 白砂糖
- 食用色素（也可不用，但它对乔治而言可是必须用到的——乔治要在魔药中加入棕色亮光漆，以确保姥姥不会起疑心！）
- 调味剂（也可不用）
- 一根木质圆角冰糕棒
- 一个厚玻璃罐
- 一个长柄晾衣夹
- 厨房用纸

怎么做：

1

让大人向**洗得干干净净**的**炖锅**里**倒入两茶杯水，开小火**将水**煮至沸腾**。分多次**加入**四茶杯白砂糖，边加边**搅拌**。

2

搅动锅里的水，直到白砂糖**完全溶解**。也许你得开大火，毕竟哪怕只有**几粒未溶解的白砂糖**也可能会导致实验失败。

3

如果你想**加入食用色素**，现在可以加入几滴。如果你喜欢，也可以加入调味剂（比如少量果汁或一滴香草香精）。**让大人将熬制的糖浆**倒入**玻璃罐**。**一定要小心操作，以免烫伤**。

4

用熬制好的热糖浆**将冰糕棒浸湿半截**，然后将白砂糖**裹在这半截冰糕棒上**。将冰糕棒探入罐子中（裹着糖的部分浸入糖浆中），不要让它**碰到罐子的底和壁**。用**长柄晾衣夹**将**冰糕棒固定在罐口**。

5

用一张厨房用纸**盖住**罐口，防止灰尘落入，然后**将罐子放在阴凉干燥处**。

实验原理

水在**高温**时能**溶解更多糖**，形成一种**过饱和溶液**。随着溶液的**冷却**，水无法溶解同样多的糖，于是**糖会再次结晶**。这些细小的糖晶体会**吸附**在任何可以吸附的物体表面，比如你的**冰糕棒**上，然后晶体和晶体之间再**相互吸附**，于是你就得到了一份**美味的甜点**！

想一想

尝试向糖和水的溶液中加入**不同的调味剂**会怎样？

将罐子直接**放在太阳底下**或者**暖气片**上会怎样？

6

几天后，白砂糖就在**冰糕棒上形成结晶**，变成**嘎嘣脆的水晶糖**啦！当水晶糖**不再变大时**，你就可以**将它取出，尽情享用**喽！

即食冰块

你将用到：

- 一瓶纯净水
- 一个桶（可以容纳瓶子的）
- 4 千克冰块
- 1.5 千克盐
- 水
- 温度计
- 一个玻璃碗
- 调味剂（也可不用）

这个**实验最适合**在炎炎夏日或者像乔治那样感到**百无聊赖**时做，**尽管它产生的威力没那么大！**将一瓶水倒入碗中，让水变成**冰块**，然后再**加点儿糖浆**，一碗**吃起来津津有味、无比清凉**的**即食冰块**就做好啦！

怎么做：

1

将**装有纯净水的瓶子竖在桶中**。预留五六个冰块，将其余**冰块**都堆在瓶子周围。

2

将**盐全部**撒在**冰块上**（盐可以让冰块加速融化）。往桶里**加水**，让水位与**桶的边缘**齐平即可。

3

用**温度计**测一下桶中的水温，**千万不要**把桶碰倒，**也不要**动瓶子。水温最好降到**零下 8 摄氏度**，你需要**等待三十分钟左右**。

4

小心地将瓶子从桶中取出。此时瓶中的水应该还是**液态**。将**预留的五六个冰块**放到玻璃搅拌碗里。如果你喜欢，可以在冰块上面**加一点儿调味剂**。

5

慢慢拧开瓶盖，将水倒在冰块上。快看，**水**一碰到冰，**就立刻凝结成冰**啦！

实验原理

我们都知道**水**通常在 **0 摄氏度**时就会**结冰**，但本次实验所用的水是**纯净水**，其中**没有水结晶时可以依附**的**杂质**，因此它**在 0 摄氏度时**没有结冰。但是当纯净水**碰到冰块**时，纯净水的温度便**进一步低于** 0 摄氏度，所以纯净水就**迅速凝结成冰**了。

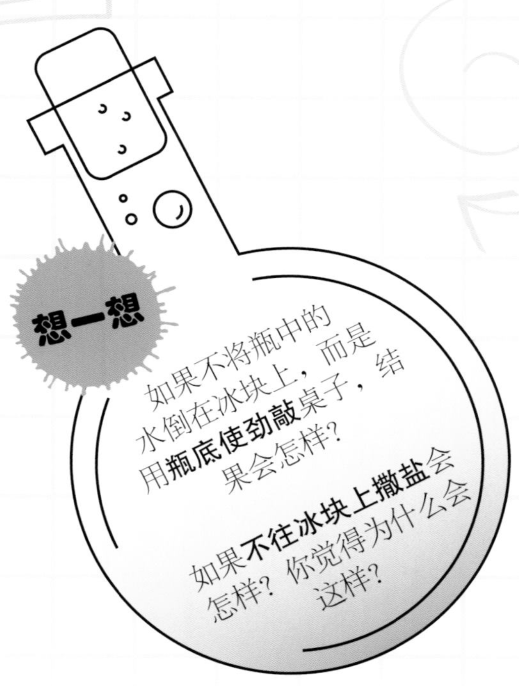

可怕的扭扭虫

你相信**乔治的姥姥**喜欢吃**毛毛虫**、**鼻涕虫**和**甲虫**吗？难怪乔治总想整治一下她！下面这个实验将告诉你：怎样让**Q弹的毛毛虫软糖**变活，然后让你的家人在看到它们**扭来扭去**时吓一跳！

你将用到：

- 毛毛虫软糖
- 两个玻璃杯
- 小苏打
- 水
- 白醋

怎么做：

1

让大人帮你剪开毛毛虫软糖的包装袋，将每条毛毛虫软糖剪成**三四个细条**。

2

将剪好的**毛毛虫软糖**放进一个玻璃杯，加入**三汤匙小苏打**。倒入充足的水，让小苏打晶体开始**溶解**，但别让它们全部溶解。如果小苏打全部溶解了，再**多加一些**即可。

3

将毛毛虫软糖在小苏打溶液中**浸泡半小时**。等候时，你可以哼一首曲子。将醋**倒入另一个玻璃杯中**。

4

取一条**在小苏打溶液中浸泡过的毛毛虫软糖**，将它丢入**醋**中。一开始，什么都不会发生，但只要**等上几秒钟**，毛毛虫软糖就开始扭来扭去……嗯，就像真的毛毛虫一样**扭来扭去**！

实验原理

正如我们在之前的实验中所发现的那样，**小苏打**与**醋酸**混合后会产生**二氧化碳气体**。因为大量的小苏打溶液已经**渗入毛毛虫软糖中**，所以当我们把毛毛虫软糖丢入醋中时，**软糖表面**会形成**很小的气泡**。这些气泡很快就会变大，**让毛毛虫软糖浮起来**，随后气泡会摆脱毛毛虫软糖的控制，**浮到溶液表面**，毛毛虫软糖则会**沉下去**。

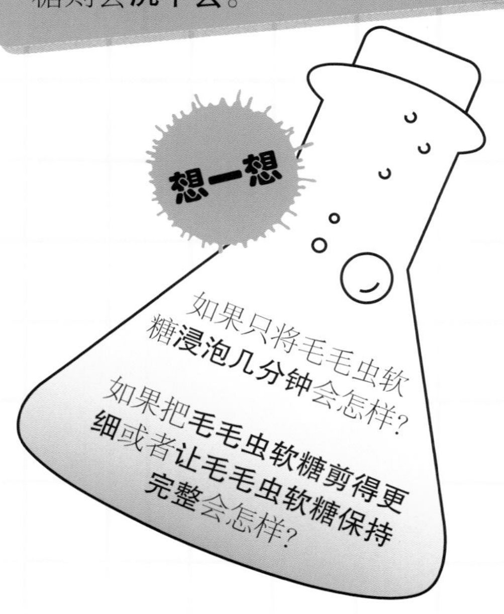

令人难以置信的隐形可乐

乔治的爸爸深受**乔治的神奇发明**的启发，竟然将黄油加入**咖啡**中，将牛奶涂在**吐司**上，将酸果酱抹在**玉米片**上！你知道吗，如果**将牛奶加入瓶装可乐中**，牛奶会变成一种**奇妙的成分**，**让可乐变得清澈如水！**乔治可以在他的农场里找到鲜牛奶，但是你所需的鲜牛奶可能在冰箱里。

你将用到：

- 一小瓶可乐
- 半脱脂牛奶
- 一个笔记本或一部数码相机

怎么做：

1

拧开可乐的瓶盖，**把它放好**。以下操作最好在厨房洗碗槽里进行：小心地向可乐瓶中倒入半脱脂牛奶，直到将**瓶口下方空的部分倒满**为止。

2

重新**拧好**瓶盖，千万**不要晃动**瓶子！

3

将瓶子放在**一个平面**上，每**二三十分钟查看**一次。每查看一次就拍张**照片**，或者将瓶子的状况**记录在本子上**。

4

最终，**牛奶**会**沉到瓶底**，变成**黏糊糊的褐色块状物**，而其余的部分则变得**清澈透明**。

实验原理

可乐中的磷酸分子一遇到**牛奶**，便会被吸引过去，**附着**在牛奶分子上。**牛奶分子吸附磷酸分子**后便凝结成比液体要重的块状物。这些块状物沉到瓶底后，剩下的液体就变得清澈透明了。

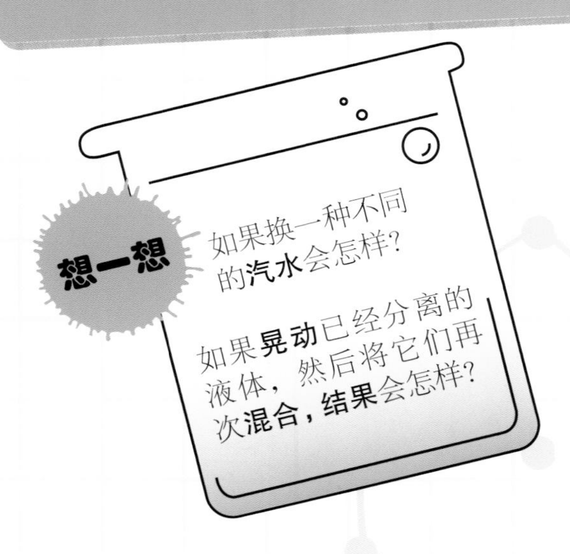

想一想

如果换一种不同的**汽水**会怎样?

如果**晃动**已经分离的液体，然后将它们再次**混合，结果**会怎样?

五彩的菜汁

你将用到：

- 紫甘蓝
- 食物搅拌机
- 三个玻璃杯（一定要干干净净的）
- 滤网（也可不用）
- 醋
- 洗衣粉

在乔治的姥姥看来，**紫甘蓝**里如果没有几条煮熟的毛毛虫和鼻涕虫，就一点儿都不好吃！她认为乔治应该一天三顿都吃堆得像小山一样高的**紫甘蓝**——这听起来真是**太恶心啦**！下面这个实验将介绍让**紫甘蓝**变得**更好玩**的方法，而且本次实验**不需要你吃一片紫甘蓝**！

怎么做：

1 从**紫甘蓝**上剥下三四片**大叶子**，将其放入加了**一半水**的食物搅拌机中。开机**搅拌**，直到水变成**紫色**。

2

将**一部分紫色菜汁**倒入**三个玻璃杯中**。如有必要，可**过滤**出**未打碎的菜叶**。将三个杯子在**白色背景**前摆成一排，因为这样更容易观察到杯子里的**任何变化**。将其中一杯作为颜色参照，让它保持原样，并给它**贴上标签**。

3

向另一个杯子中倒入**一些醋**，接着进行搅拌。看，紫甘蓝汁变成了**红色**！

4

向第三个杯子中加入**一勺洗衣粉**，接着进行搅拌。看，紫甘蓝汁变成**绿色**啦！

实验原理

根据你添加的是**酸性**物质还是**碱性**物质，**紫甘蓝汁**会与之发生不同的反应。**酸**和**碱**的测量单位叫作 **pH 值**。**酸**的 **pH 值低**，而**碱**的 **pH 值高**。一开始，紫甘蓝汁为**中性溶液**，添加酸或碱之后，紫甘蓝汁的 pH 值发生了变化，**颜色也相应地**发生了**变化**（红色代表溶液呈强酸性，绿色代表溶液呈强碱性）。

跳来跳去的透明蛋

你将用到：

- 一个带壳的生鸡蛋
- 一个深碗
- 白醋
- 耐心

还记得本书第 36 页的**全黄蛋实验**吗？如果你觉得那个实验很神奇，那么本次实验将带给你更加神奇的体验——**让鸡蛋变得透明且有弹性！本次实验**的结果**的确有些奇怪**，就像乔治的魔药让鸡蛋变得**像足球那么大一样**……但是，本次实验的操作步骤并不难，你不需要大人帮助就能做得很好！

怎么做：

1 将带壳的**生鸡蛋**放入**碗**中。**倒入**足量的**醋**，让醋**完全没过**鸡蛋。

2 **第二天**更换新醋，连着换七天。

3 从碗中**取出生鸡蛋**，用**冷水**小心地**清洗**它……接下来，准备见证奇迹吧！你甚至能让鸡蛋**跳来跳去哟**！（但不要让鸡蛋跳太久，否则鸡蛋会**破**……）

想一想

如果用**熟鸡蛋**代替**生鸡蛋**会怎样？

你有没有注意到**鸡蛋的大小**有什么变化？这可能是什么原因造成的呢？

实验原理

醋中含有的**醋酸**与**蛋壳**中的**碳酸钙**发生反应后，**蛋壳会溶解**，但是**蛋壳内膜**却完好无损，这层膜让鸡蛋成为一个**具有弹性的**整体。因为鸡蛋没被煮过，所以蛋白部分几乎是**透明**的。

当乔治那锅神奇的杂烩开始**冒泡泡**时，他仿佛**触电了**似的。在本章中，你将初步懂得怎样发挥**电**和**磁铁**的**威力**！

第五章
会电人的电和神奇的磁铁

他每**闻一下**，脑袋里就像放**鞭炮**一样，两腿后部有**触电**的感觉。

发挥闪电的威力

你将用到：

- 一个塑料叉，正方形锡箔纸
- 一只橡胶手套
- 一个充好气的气球
- 一块木质菜板（塑料的也行）
- 天气凉爽、光线昏暗的环境

无论你喜欢还是讨厌，**雷雨**都有令人难忘之处，那突然出现的**电闪雷鸣**会让小孩子们激动不已。你想不想亲手制造**电闪雷鸣**的场景呢？快关注本次实验吧！

怎么做：

1 用正方形的**锡箔纸**将塑料叉的**叉头裹住**，尽量裹平整。

2

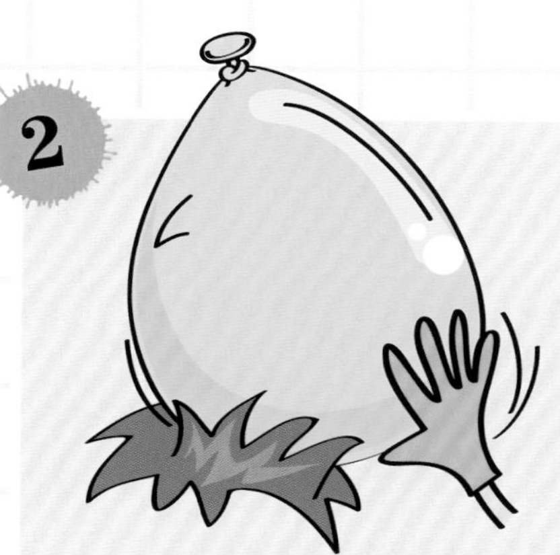

戴上橡胶手套，拿起气球，将气球在头发上摩擦一分钟。不要用没戴手套的手触碰气球，否则一切都得重来。

3

将气球放在菜板上。用戴手套的手握住叉子，让裹着锡箔纸的叉头触到气球并保持不动。

4

用没戴手套的手的一根手指碰一下锡箔纸。你会看到（并感觉到）一个电火花。别担心，它不会伤到你！

实验原理

用气球摩擦头发，可以让气球携带更多的电子，产生静电。带负电荷的电子会被带正电荷的质子吸引。当你用裹着锡箔纸的叉子碰触气球时，叉子上会迅速布满无法去除的电子，直到你将手指靠得足够近为止。当你的手指靠近锡箔纸时，电子便跳到了你的手指上（皮肤是良好的导体），然后瞬间通过你的身体，最后以无害的方式导入大地。

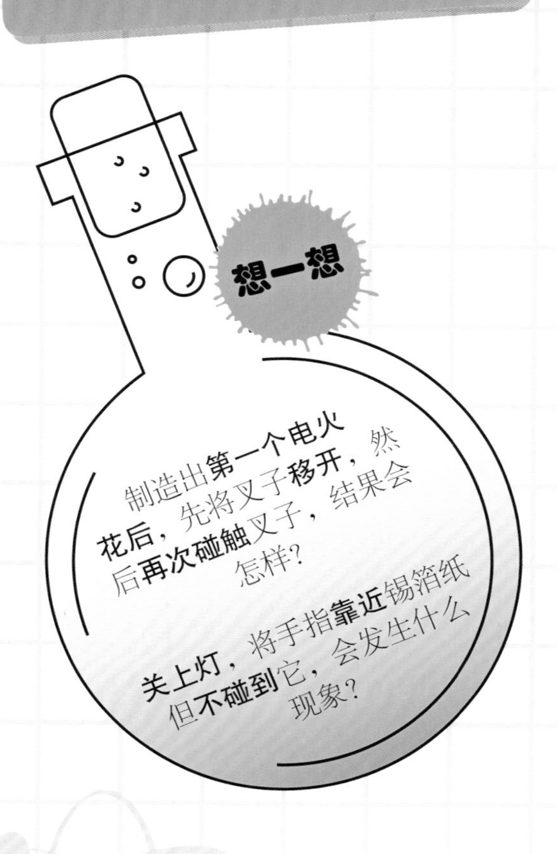

神奇的电磁铁

给一块磁铁通电，你会得到什么？答案是：一块**电磁铁**！

你将用到：
- 一段绝缘铜线
- 剥皮钳
- 一枚铁钉（越长越好）
- 一节一号电池

怎么么做：

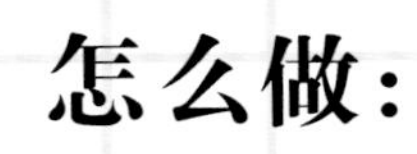

1 **让大人帮你**将绝缘铜线的**两端**各去掉几厘米**绝缘皮，露出铜线头**。

2 将铜线缠到**钉子**上，越**紧**越好。缠绕时不要留空隙且要顺着**一个方向**。

3 缠好的钉子应该如下图所示。

4 **握住**铜线的**绝缘部分**，让铜线的**一端**接触**电池的正极**。若方便操作，请将铜线的一端**固定**在**正极上**。当然，只让二者保持接触也可以。

将铜线的**另一端**接在**电池的负极**上。钉子此时会**产生磁性**，你可以试着让它吸附一些小的金属物（比如曲别针）。将铜线**与负极断开**，钉子的磁性便会消失，吸起的物体会掉落。

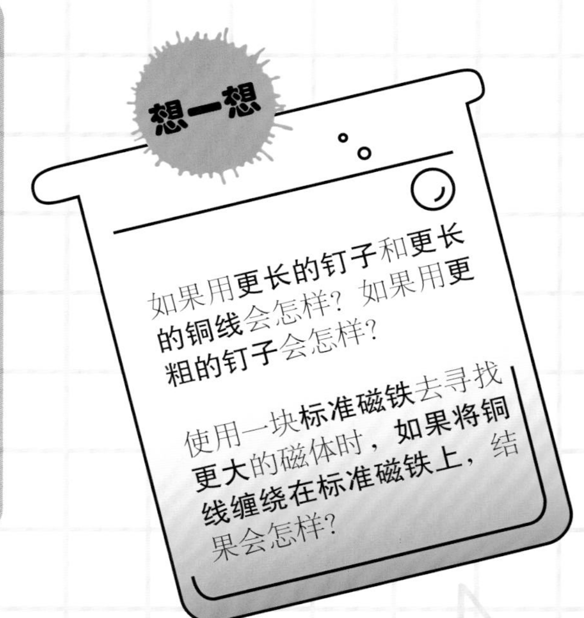

实验原理

当**铜线**与电池的**两极连接**时，**电流**会从铜线中通过，并产生一个小型**磁场**。将铜线紧紧缠绕在钉子上后，磁场就被**放大**，使**钉子产生磁性**。当铜线与电池的两极**断开连接**，电流中断，磁场就会**消失**，原本能吸附物体的**神奇钉子**就又变成了那枚令人乏味的普通钉子。

磁力车归来

在第30—31页的实验中，我们探讨了如何制作**磁力车**。在本次实验中，让我们了解一下另外一种**更加简单**且**更加令人难忘**的制作磁力车的方法吧！

你将用到：

· 一节五号电池

· 两块圆形磁铁（建议：可以充分利用冰箱贴背面的磁铁，因为它们通常是圆形的。但是在将它们取下来之前，一定要征得大人的同意哟！）

· 锡箔纸

怎么做：

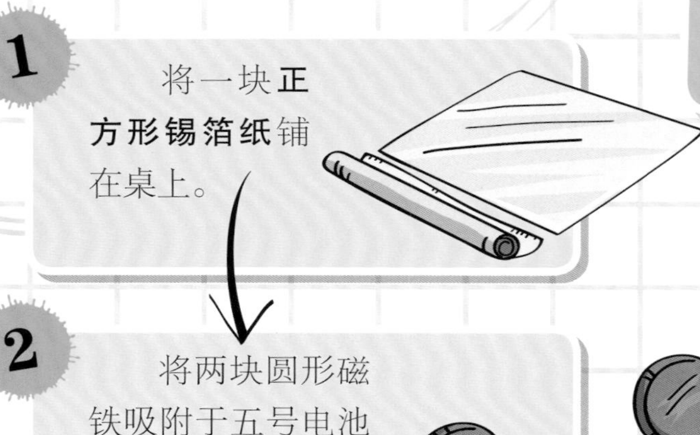

1 将一块**正方形锡箔纸**铺在桌上。

2 将两块圆形磁铁吸附于五号电池的**两极**，让它们看起来像两个轮子。

3 将**带轮子的电池**置于锡箔纸上。

4 瞧！**带轮子的电池**在锡箔纸上**飞速驶过**啦！

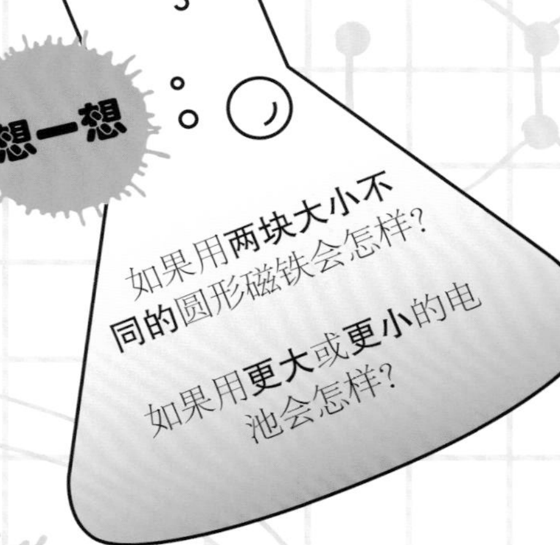

实验原理

带磁铁轮子的电池会在锡箔纸上迅速移动，是**洛伦兹力**在发挥作用的缘故。电池中的**电子**会产生**磁场**，而**锡箔纸**则起到了**导体**的作用。此外，电池和磁铁组成的磁力车被置于锡箔纸上后，会产生**扭矩**——这是**磁铁轮子能转动起来**的另外一种解释。

水流弯曲了！

姥姥说，她喜欢**狼吞虎咽地吃下鼻涕虫**和**肥大的地蜈蚣**。姥姥的这番话不禁让乔治怀疑她真的是个**巫婆**！在本次实验中，你也可以让朋友们相信你是个**巫师**，但是你不用吞下**令人毛骨悚然的爬虫**，只需**利用一下再常见不过的水**即可……

你将用到：

- 一把塑料梳子
- 卫生间（或厨房）里的水龙头
- 你（或大人）的一头长发

怎么做：

1. **打开水龙头**并进行调节，让**水流**尽可能**细一些**。

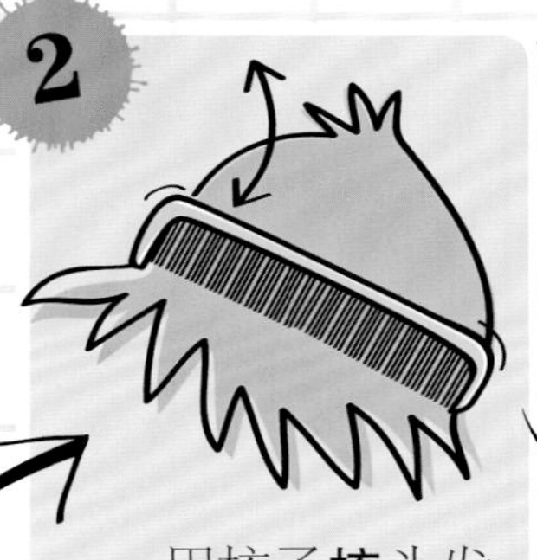

2. 用梳子**梳**头发，**梳一二十下即可**。

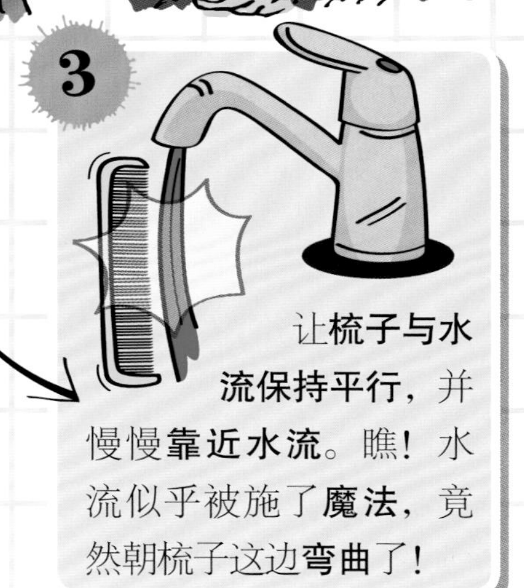

3. 让**梳子与水流保持平行**，并慢慢**靠近水流**。瞧！水流似乎被施了**魔法**，竟然朝梳子这边**弯曲**了！

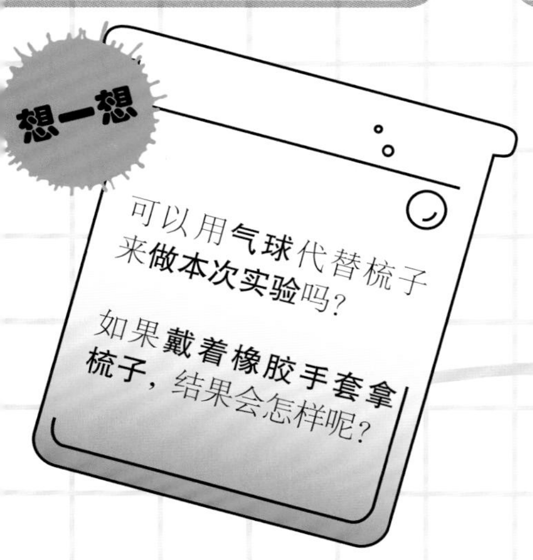

想一想

可以用**气球**代替梳子来**做本次实验**吗？

如果**戴着橡胶手套拿梳子**，结果会怎样呢？

实验原理

梳头发的动作使塑料梳子**带上**了带负电荷的电子。当你让梳子**靠近**水流时，水中**带正电荷的质子**便受到**吸引**，**向**梳子**一侧偏移**。

可以吃的金属

你将用到：

- 一碗简单的早餐麦片（请查看成分表以确保麦片含铁）
- 一个透明的食品自封袋
- 温水
- 一块强力磁铁

乔治的魔药中的一些成分（例如**去头屑水、假牙清洁剂**）足以令你的眼睛不停地流泪！幸亏姥姥在将药喝下去之前没看成分表……

你是否在早上读过**麦片盒子**上的**成分表**？有些早餐麦片的生产者声称他们的麦片产品**富含铁**，但他们的产品所含的**铁**肯定**不是真正的铁**，对不对？让我们通过实验来验证一下吧。

怎么做：

1

将**一茶杯麦片**倒入食品自封袋中。**加入温水**至袋子**半满**。

2

封好袋子，确保袋子内有**少量空气**。将袋子**晃动几秒钟**，温水会使麦片慢慢**溶解**。

3

将袋子**静置二十分钟**左右，直到水和麦片混合成难看的**麦片粥**。将**磁铁平放**在手掌上，再将袋子**放在磁铁上面**。

4

慢慢地移动磁铁，确保它始终与袋子**保持接触**。

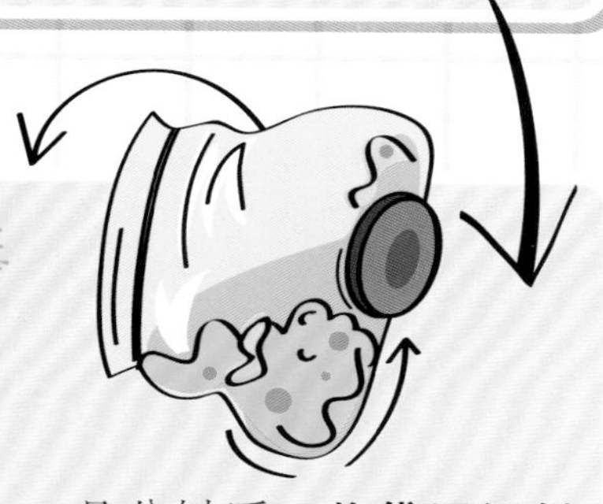

5

几分钟后，**将袋子倾斜一下**。让磁铁稳定在合适的位置，然后将磁铁**移动至袋子中满是空气的部分**。

6

仔细观察磁铁附近。看到**小黑点**了吗？那就是你每天早上吃早餐时吃下去的**铁**！

实验原理

我们所有人的体内都有极小的**铁**粒子，它们一直在我们体内到处移动。

事实上，普通人体内的铁足以制造一枚**大铁钉**了——这样很好，因为铁元素是血液中的重要元素，更是**保持人体健康**的**重要元素之一**。早餐麦片中的铁元素**十分安全**，可以食用，它会通过胃被逐渐**吸收**，**进入血液循环之中**。

想一想

如果将**干麦片打得粉碎**，还能用磁铁将它们吸起来吗？

将几片麦片放在**一碗水**的**表面**，让磁铁靠近，看磁铁能否**使麦片移动**？

会发电的土豆

无论是**大口嚼薯条**还是**大口吞薯泥**，我们大多数人都对萌萌的土豆情有独钟。但是你知道**土豆会发电**吗？如果乔治的闹钟没电了，他可能会去农场**挖一个土豆**，像本次实验介绍的那样**为闹钟供电**。

你将用到：

- 两个大土豆
- 两枚镀锌的大钉子
- 两小段粗铜线（长度3—5厘米即可）
- 六个鳄鱼夹
- 三根绝缘电线
- 一个用电池供电的钟表（电池已取出）

怎么做：

1

在**一个土豆上标注“+”**，在**另一个土豆上标注“-”**。**将两枚镀锌钉分别插在每个土豆上**，让钉子**露出一半即可**。

2

将两小段粗铜线插在每个土豆的**另一端**（**尽量远离**钉子）。

3

将**六个鳄鱼夹分别固定**在**三根绝缘电线两端**（即让每根电线两头**都有**一个**夹子**）。将一根绝缘电线的一端通过**鳄鱼夹**与带有**“+”**标记的土豆上的**铜线**相连，将另一端与**钟表电池仓里**的**正极**相连。

4

将另一根绝缘电线两端通过鳄鱼夹分别**连接**带有**“–”**标志的**土豆上的镀锌钉**和**钟表电池仓**里的**负极**。

5

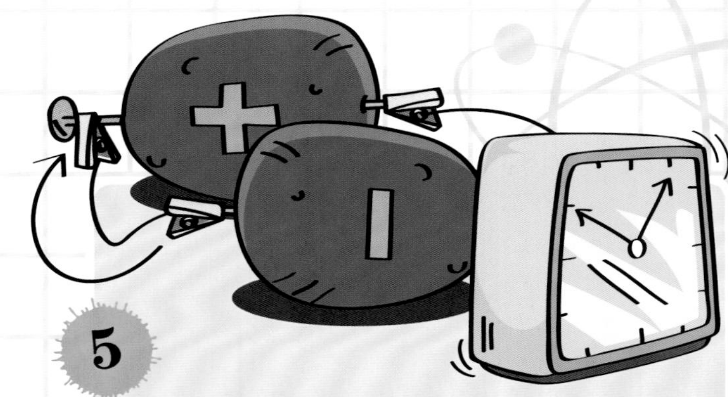

最后，用**第三根绝缘电线**将带有**“–”**标记的土豆上的**铜线**与带有**“+”标记的土豆**上的**镀锌钉**连接起来。快看，钟**表**的**秒针**滴答滴答地**走起来**啦！

实验原理

镀锌钉中的**锌**与**铜**存在**电势差**，从而使接上电线的土豆成为**电化学电池**，为钟表供电。

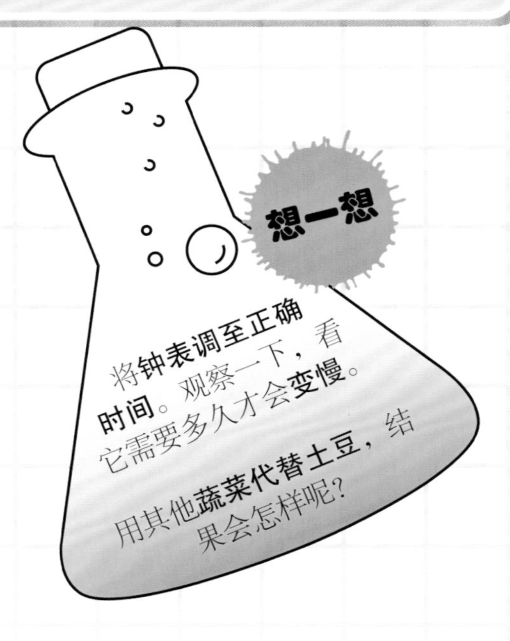

用静电让灯管发光

在第60页的实验中，我们用土豆让钟表走了起来。但你知道吗？我们只需**一个气球**，就可以**为灯管供电**啦！这都归功于**静电**创造的奇迹。

你将用到：

- 一个充满气的气球
- 你的头发
- 一个日光灯管

怎么做：

1 用**充好气的气球摩擦**你的**头发**，30—60秒即可。

2 **关上**所有**灯**，用**日光灯灯管**的**金属脚碰触气球**（不要太用力，以免气球被戳破）。

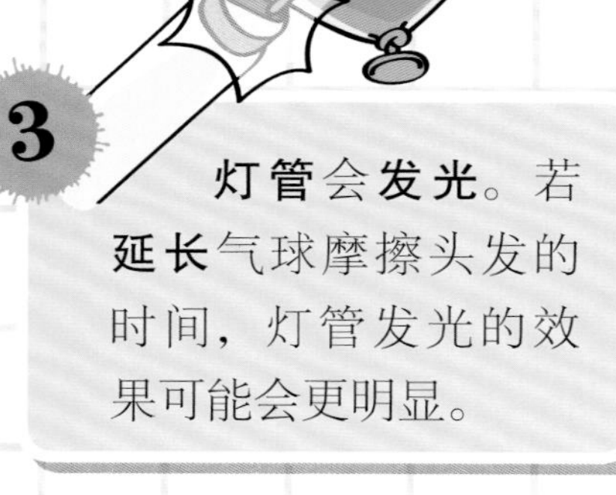

3 **灯管**会**发光**。若**延长**气球摩擦头发的时间，灯管发光的效果可能会更明显。

实验原理

我们已经知道，用气球摩擦头发会让气球携带**带负电荷的电子**。当**灯管的两个金属脚**都接触**气球**时，会**形成闭合电路**，电子会在此闭合电路中通过。灯管**内部是气态水银**，当气球上的电子**碰到气态水银中的电子**时，它们会释放出**光子**，而让**灯管发光**的正是这些光子。

想一想

你可以让**灯管**亮多久？

若用**小一点儿的灯管**，发出的光**更亮**还是**更暗**？

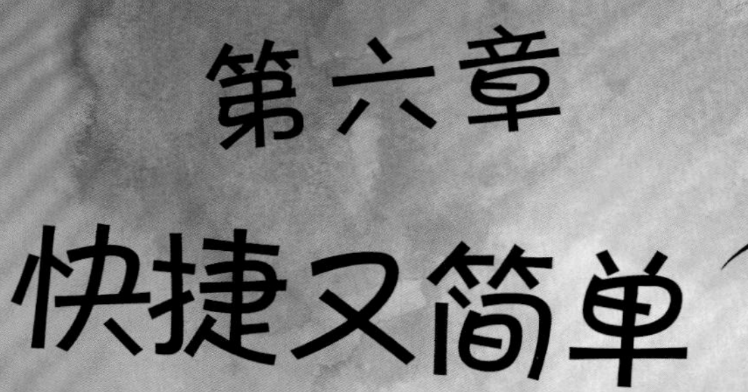

第六章 快捷又简单

“不要老说等一等！”乔治大声嚷嚷，“一分钟也不能等！**我们必须马上动手！**”

乔治一看到魔药的**惊人效果**，便**迫不及待**地要调制更多的魔药！以下几个实验做起来**快如闪电**，你一定会喜欢的！

可爱的熔岩灯（之一）

你将用到：

- 一个透明的塑料瓶
- 水
- 食用色素
- 植物油
- 盐

乔治的**魔药**看上去很不寻常，它**咕嘟咕嘟地冒着泡泡，泛着泡沫**，好像活了似的……好啦，言归正传，如果你想要一盏**熔岩灯**，又不想花钱买，那么你可以在家里做一下这个实验，它会让你如愿以偿哟！

怎么做：

1

拧下瓶盖，将**水**倒入瓶中。滴入几滴**食用色素**。加入**三至五汤匙植物油**。

2

往瓶中加入**食盐**，直到**植物油泡泡开始下沉**，然后看着它们像真正的熔岩灯一样**重新浮上来**。

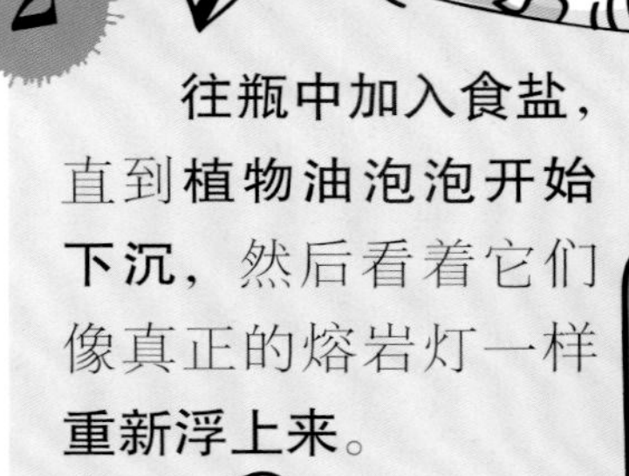

实验原理

油和**水**是不相溶的，简单地说就是：无论你多么使劲，它们也**无法混合**！当你向植物油中加入**盐**时，盐会**吸附**在**油**上，将油带到瓶底。**盐**下沉时会在水中**溶解**，于是油就比水**轻**了，**重新浮到水的上面**。

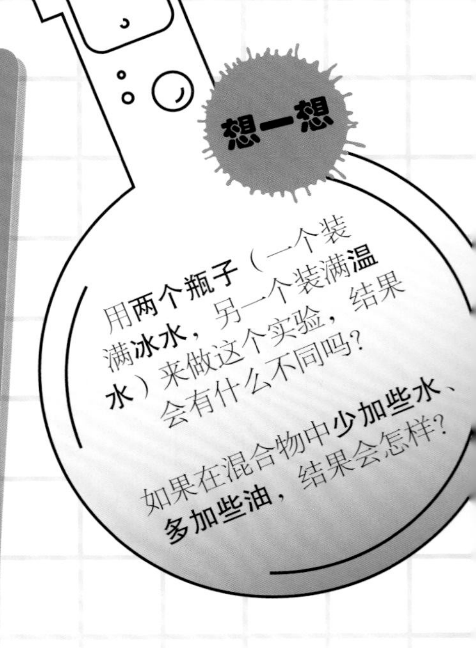

想一想

用**两个瓶子**（一个装满**冰水**，另一个装满**温水**）来做这个实验，结果会有什么不同吗？

如果在混合物中**少加些水**、**多加些油**，结果会怎样？

可爱的熔岩灯（之二）

你将用到：

- 还剩下半瓶的可乐（也可以说是空了半瓶的可乐，这要看你的心情啦）
- 植物油
- 苏打水泡腾片（或阿司匹林泡腾片）

上一个实验是不是有些太费事了？那就尝试一下这个**超级简单的版本**吧。

怎么做：

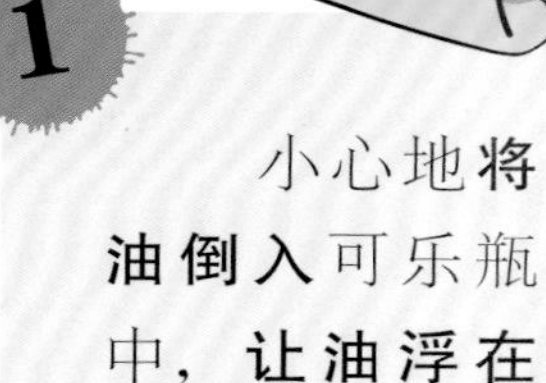

1 小心地将**油倒入**可乐瓶中，**让油浮在可乐上面**。

2 **放入半片苏打水泡腾片**（或半片阿司匹林泡腾片）。

3 你会观察到**气泡**慢慢**上升**到油层表面。

想一想

如果用**掺了食用色素的水代替可乐**会怎样？

如果**重新盖上瓶盖**，结果会怎样？

实验原理

可乐跟水一样，也**不会与油混合**。可乐中本来就含有二氧化碳，将苏打水泡腾片**放入可乐中**，泡腾片会产生更多的**二氧化碳气泡**。这些二氧化碳气泡比油和可乐都**轻**，因此便**缓缓上升**至油层表面。**气体**到达**瓶口**后会**跑掉**，**可乐**会再**沉下去**。

会变色的康乃馨

你将用到：

- 玻璃杯
- 水
- 白色鲜花（康乃馨、玫瑰或花园里的菊花都可以）
- 食用色素（各种颜色的）

白色的花朵很漂亮，但你想不想让它们变得五颜六色呢？本次实验会教给你怎样随心所欲地**给白色花朵染色**。请放心，给白色花朵染色，肯定**比乔治拿深棕色有光油漆给魔药上色要简单得多！**

怎么做：

1 将水**倒入**玻璃杯中，再向**每个杯子中**加入**不同颜色**的食用色素。

2 **修剪**鲜花，让**花茎**比杯子**高出几厘米**。在每个杯子中放**一两支**花。

3 **一两个小时**后，你会发现**花瓣的颜色已经发生变化**。在接下来的几天里，花瓣的颜色会越来越深。

实验原理

土壤和水分都是决定花瓣颜色的重要因素。在本次实验中，鲜花通过根系**吸收**的是**带颜色**的水，水中的**色素**会被**花瓣**吸收。（你甚至能看到色素**沿着**花茎**往上跑！**）

将骨头掰弯

“**你永远都不要长大，**”姥姥告诉乔治，“**要越长越小！**”不过，姥姥的想法太不现实，因为**骨头是越长越长**的！但是，你知道有一种方法可以**将骨头掰弯**吗？这就是本次实验要介绍的内容。

你将用到：

- 一根鸡腿骨
- 一个有盖的玻璃罐（足以装下一根鸡腿骨的）
- 食用醋
- 耐心

怎么做：

1

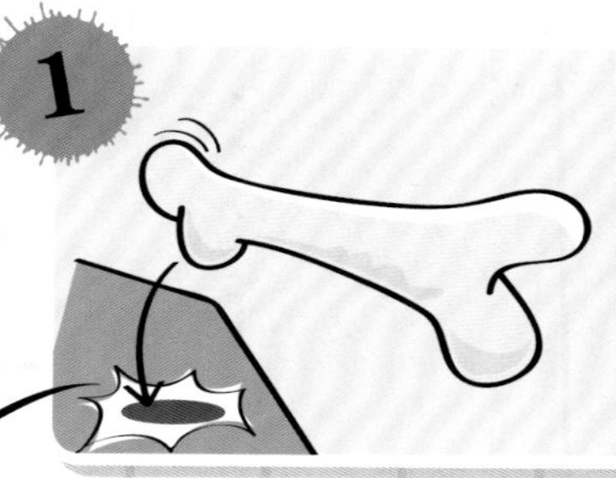

将准备好的**鸡腿骨彻底清理干净**，**去掉**骨头上所有的**肉**。**测试**一下骨头（比如拿它轻轻敲一敲桌子），确保它是**硬邦邦**的，再试试能否掰得动它。

2

将骨头放进**玻璃罐**中。往罐子里**倒食用醋，倒满即可**。**拧上**盖子。

3

等待三四天，然后取出骨头，在水龙头下**将它冲洗干净**。

4

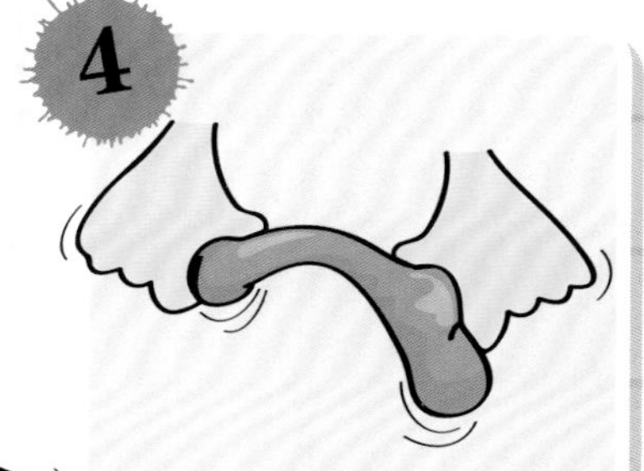

试着**掰一掰**骨头，看看会怎样。

实验原理

钙是让**骨头**保持**坚硬**的一种**神奇的成分**。**食用醋**的**酸性**虽然弱，但足以**溶解**骨头中所有的**钙**，原本坚硬的骨头自然就变得**柔韧**啦。

彩虹雨

乔治用**新配方**制成的**魔药**让姥姥不停地**变大**，还让她的脸**由紫变绿**！在本次实验中，你可以制造出更加漂亮的东西——**彩虹雨**！

你将用到：

- 一个广口瓶（或一个玻璃壶）
- 清水
- 白色剃须泡沫
- 玻璃杯
- 食用色素（各种颜色的）
- 滴管

怎么做：

1 往**广口瓶**里**倒入三分之二瓶清水**。将**剃须泡沫挤**在水面上，让它看起来**像一朵云**。

2 用**玻璃杯**将足量的**清水**和不同颜色的**食用色素**混合。

3 用**滴管缓慢而小心地**将彩色**的水**滴在**广口瓶**中的剃须泡沫上。

4 看！**剃须泡沫**会**充满广口瓶中水面以上**的部分，直到再也兜不住彩色水滴的重量。彩色的水滴会**像雨点儿一样**落入下面的清水中。

实验原理

本次实验的原理和雨的成因有相似之处：天空中的云团是由水蒸气和空气混合而成的，随着**湿度的增加**，水蒸气形成的**水滴**变得**越来越大**。当水滴变得**太大太重**，不能悬浮在空气中时，它们就落向地面。而在本次实验中，泡沫就相当于空气，随着加入的彩色水滴越来越多，泡沫最终会无法托住它们。

破坏力十足的空气

空气是我们看不到、摸不着的，但它时时刻刻**包围着我们**，除非我们在水下或太空中。本次实验既不会让你潜入水下，也不会让你飞向太空，就能让你领教**空气的威力**。

你将用到：

- 一个大塑料瓶
- 热水
- 一个塑料盆
- 冷水
- 冰

怎么做：

1. **在大人的帮助下**，将热水**倒入瓶中至半满**。将瓶子**竖放几分钟**。

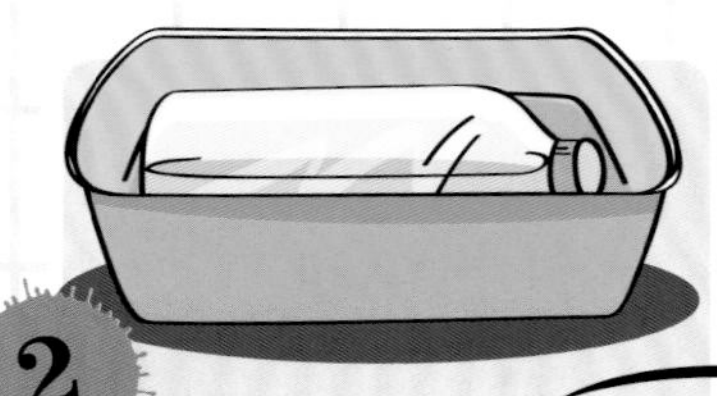

2. **拧上瓶盖**，让瓶子**侧躺**在塑料盆中。

3. 将冰和冷水**倒在瓶身上**。

4. **大约一分钟后**，将瓶子竖起来。瞧，它竟然**变瘪**了！

想一想

如果用**小塑料瓶**代替大塑料瓶会怎样？

如果**不加**冰和冷水，而是让**热水自然冷却**，瓶子还会**变瘪**吗？

实验原理

当**热水**被渐渐**冷却**时，瓶内的**气压会减小**。为了平衡气压，空气会从**高气压区**向**低气压区**流动，因此一旦瓶内气压低于瓶外气压，**瓶外的空气**便会试图**进入**瓶内——但是塑料**挡住**了它的**去路**，于是瓶子就**被空气压瘪了**。

弯弯绕绕的抽象画

你将用到：

- 一个盘子
- 牛奶
- 食用色素（各种颜色的）
- 洗涤液

现在你已经知道，乔治·克兰基发明了一种**威力无比强大**的魔药。他甚至认为，自己看到**打着旋儿的泡沫**中闪着**明晃晃的火花！**

在本实验中，你不用拿起画笔，就可以创作出一幅抽象的**流动液体画**。

怎么做：

1 向盘子里**倒入牛奶**，让牛奶**将盘底盖住**。向牛奶中滴入几滴不同颜色的**食用色素**——尽量让它们挨得近一点儿，但**不要重叠（混合）**。

2 **仔细瞄准**，向食用色素中间加入**洗涤液**，**挤一次瓶子**即可。

3 瞧，色素在**牛奶表面唰地一下散开**，形成**各种好看的图案！**

想一想

如果在图案中**再加入一次洗涤液**会怎样？你觉得为什么会这样？

如果**先往盘子里加入洗涤液和食用色素**，再加入牛奶，结果会怎样？

实验原理

和第 34 页介绍的快艇实验一样，**洗涤液**破坏了牛奶的**表面张力**。这时候，盘子四周**更强大的表面张力**便会**拖动牛奶和食用色素**，使之形成**各种多彩的图案**。

最后的水下火山

你将用到：

- 细绳
- 一个小瓶子
- 一个大罐子
- 冷水
- 热水
- 红色食用色素

正如你所看到的，什么都可以被用来**引爆瓶子里的液体**，什么都可以作为调制魔药的材料。无论是用**醋**和**小苏打**，**薄荷糖**和**可乐**，还是仅仅用一只**脚踏打气筒**，液体都会喷得到处都是。好啦，本实验是本书所介绍的最后一个实验，你准备好了吗？

怎么做：

1 取**一根细绳**，将其**两端**系在**小瓶子**的**瓶口**处，一个简易的**环形提手**就做好了。**确保提手足够长**，以便将瓶子放到罐底（但是现在先不要这么做）。

2 向大罐子中**倒入冷水**，在罐口下方**留出一点空间**。

3 **小心地**向瓶中**倒入热水**。加入足够的**食用色素**，让水变成**充满活力的红色**！

实验原理

热水比冷水包含更多能量——本次实验所利用的是热能。热能在热水内部快速移动，使热水的密度减小。冷水所包含的能量没那么多，因此密度更大。当热水向上涌时，冷水便向下沉了。

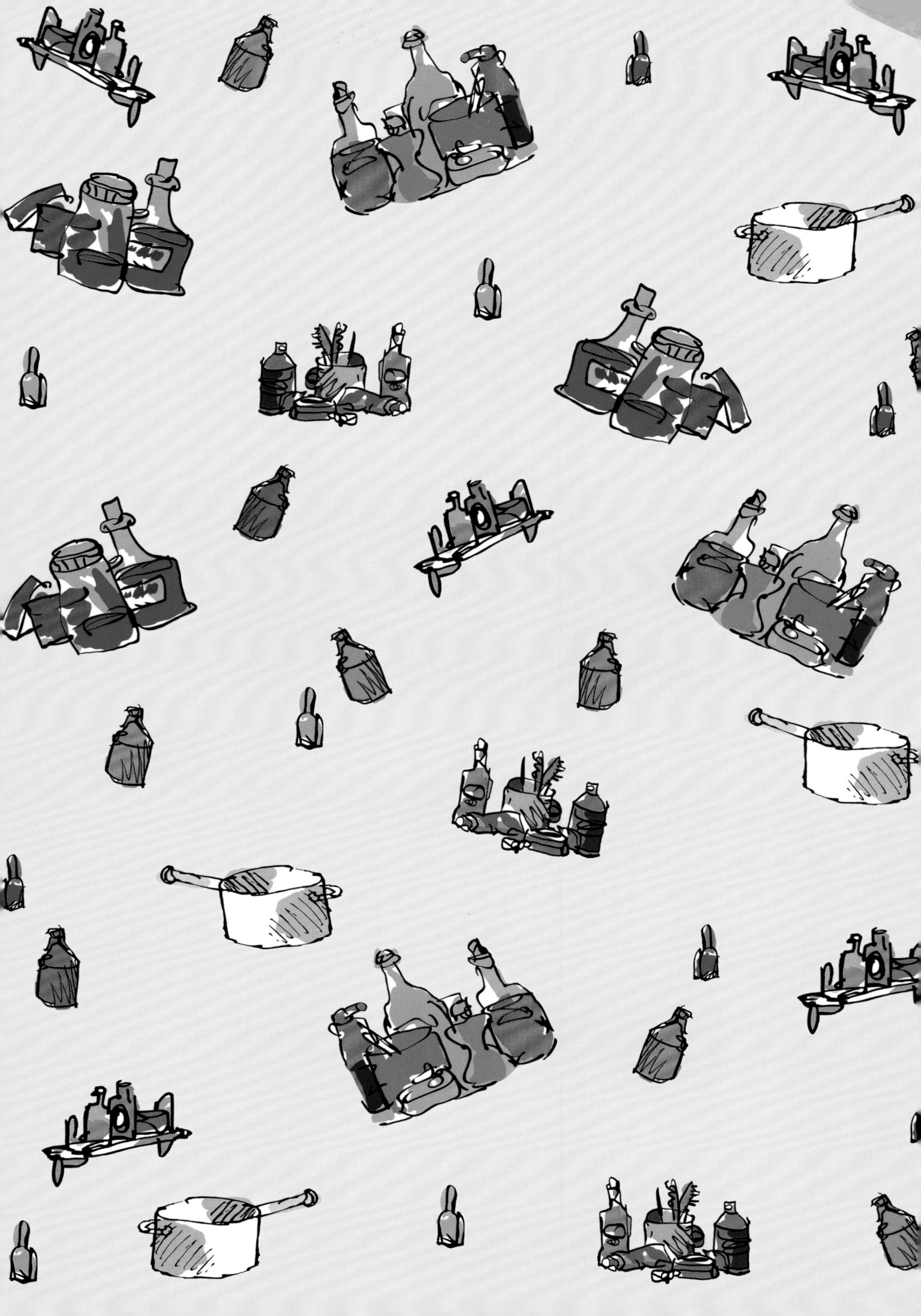

笔记